CADERNO DO FUTURO

Simples e prático

Matemática

3º ano
ENSINO FUNDAMENTAL

IBEP
4ª edição
São Paulo – 2022

Coleção Caderno do Futuro
Matemática 3º ano
© IBEP, 2022

Diretor superintendente	Jorge Yunes
Gerente editorial	Célia de Assis
Editora	Mizue Jyo
Colaboração	Carolina França Bezerra
Revisão	Pamela P. Cabral da Silva
Ilustrações	Ilustra Cartoon, Shutterstock, Laureni Fochetto, Mariana Matsuda
Produção gráfica	Marcelo Ribeiro
Assistente de produção gráfica	William Ferreira Sousa
Projeto gráfico e capa	Aline Benitez
Diagramação	Gisele Gonçalves

Dados Internacionais de Catalogação na Publicação (CIP) de acordo com ISBD

P289c
   Passos, Célia

   Caderno do Futuro: Matemática / Célia Passos, Zeneide Silva. - São Paulo : IBEP - Instituto Brasileiro de Edições Pedagógicas, 2022.
   128 p. : il. ; 24cm x 30cm. – (Caderno do Futuro ; v.3)

   Inclui índice.
   ISBN: 978-65-5696-294-8 (aluno)
   ISBN: 978-65-5696-295-5 (professor)

   1. Ensino Fundamental Anos Iniciais. 2. Livro didático. 3. Matemática. 4. Astronomia. 5. Meio ambiente. 6. Seres Vivos. 7. Materiais. 8. Prevenção de doenças. I. Silva, Zeneide. II. Título. III. Série.

2022-2791
                                                   CDD 372.07
                                                 CDU 372.4

Elaborado por Vagner Rodolfo da Silva - CRB-8/9410
Índice para catálogo sistemático:
1. Educação - Ensino fundamental: Livro didático 372.07
2. Educação - Ensino fundamental: Livro didático 372.4

Impressão Leograf - Maio 2024

4ª edição - São Paulo - 2022
Todos os direitos reservados.

IBEP

Rua Gomes de Carvalho, 1306, 11º andar, Vila Olímpia
São Paulo – SP – 04547-005 – Brasil – Tel.: (11) 2799-7799
www.editoraibep.com.br

SUMÁRIO

BLOCO 1 · Revisão 4
NÚMEROS NATURAIS
SISTEMA DE NUMERAÇÃO DECIMAL
Unidades, dezenas e centenas
Centenas exatas
Os números até 999
Composição e decomposição de números
Leitura de números
Ordem crescente e ordem decrescente

BLOCO 2 · Geometria 13
LOCALIZAÇÃO E MOVIMENTAÇÃO
Vista superior
Trajetos e mudança de direção

BLOCO 3 · Números 17
SISTEMA DE NUMERAÇÃO DECIMAL
Ordem das unidades de milhar
ESTRATÉGIAS DE CÁLCULO
Adição e subtração na reta numérica

BLOCO 4 · Geometria 24
POLIEDROS E CORPOS REDONDOS
Cone, cilindro, esfera, bloco,
prisma, pirâmide
PRISMAS
Planificações
PIRÂMIDES
Planificações

BLOCO 5 · Números 29
ADIÇÃO
Adição de números naturais
Verificação da adição
Adição com reserva
Problemas

BLOCO 6 · Números 35
SUBTRAÇÃO
Subtração de números naturais
Verificação da subtração
Subtração com desagrupamento
Problemas

BLOCO 7 · Geometria 40
POLÍGONOS
Triângulos e quadriláteros
QUADRILÁTEROS
Retas paralelas
Retas perpendiculares
Quadrado, retângulo, trapézio, paralelogramo
FIGURAS CONGRUENTES

BLOCO 8 · Números 46
MULTIPLICAÇÃO DE NÚMEROS NATURAIS
Adição de parcelas iguais
Dobro
Triplo
Quádruplo
Quíntuplo
Multiplicação por 6
Multiplicação por 7
Multiplicação por 8
Multiplicação por 9
Multiplicação por 10
Multiplicação por 100
Algoritmo da multiplicação
Multiplicação com reserva
Multiplicação com 2 algarismos no multiplicador
Problemas

BLOCO 9 · Pensamento algébrico 63
SEQUÊNCIAS NUMÉRICAS
IDEIA DE IGUALDADE
SENTENÇAS MATEMÁTICAS

BLOCO 10 · Grandezas e medidas 67
NOSSO DINHEIRO
Cédulas e moedas
Mais caro, mais barato
Problemas

BLOCO 11 · Números 72
DIVISÃO DE NÚMEROS NATURAIS
Algoritmo da divisão
Verificação da divisão
Problemas

BLOCO 12 · Números 80
FRAÇÕES
Metade, terça parte, quarta parte
Outras frações

BLOCO 13 · Grandezas e medidas 84
MEDIDAS DE TEMPO
Horas, minutos e segundos
Intervalo de tempo entre duas datas
Problemas

BLOCO 14 · Grandezas e medidas 89
MEDIDAS DE COMPRIMENTO
O metro, o centímetro e o milímetro
MEDIDAS DE CAPACIDADE
O litro e o mililitro
MEDIDAS DE MASSA
O quilograma e o grama
Problemas

BLOCO 15 · Probabilidade e estatística 96
Análise de chances
Tabelas e gráficos

Material de apoio 101

Bloco 1: Revisão

CONTEÚDO

NÚMEROS NATURAIS

SISTEMA DE NUMERAÇÃO DECIMAL
- Unidades, dezenas e centenas
- Centenas exatas
- Os números até 999
- Composição e decomposição de números
- Leitura dos números
- Ordem crescente e ordem decrescente

NÚMEROS NATURAIS

Com os algarismos
0, 1, 2, 3,
4, 5, 6, 7,
8 e 9
representamos qualquer número natural.

1. Complete a reta numérica.

0 1 2 ☐ ☐ 5 ☐ ☐ ☐ 9

2. Responda sobre você.
 a) Qual é a data do seu nascimento?

 b) Qual é a sua idade?

 c) Qual é a sua estatura?

 d) Qual é o seu peso?

 e) Qual é o número do seu sapato?

3. Sobre o número 259, responda.

   a) Quantas ordens ele tem?

   b) Que algarismo ocupa a ordem das unidades?

   c) Qual é o algarismo que ocupa a ordem das dezenas?

   d) Qual é o algarismo que ocupa a ordem das centenas?

   e) Escreva esse número por extenso.

   f) Que número obtemos se acrescentarmos 1 na ordem das unidades?

   g) Que número obtemos se acrescentarmos 1 na ordem das dezenas.

4. Represente os números no quadro de ordens.

	C	D	U
202			
145			
210			
663			

	C	D	U
177			
890			
211			
506			

5. Escreva o número correspondente:

   a) uma dezena e seis unidades

   b) três dezenas e nove unidades

   c) duas centenas e duas unidades

   d) seis centenas

   e) quatro dezenas e sete unidades

   f) nove dezenas e nove unidades

6. Veja as várias possibilidades de compor um número. Observe os exemplos e complete.

64
30 + 30 + 4
40 + 20 + 4

75
40 + 30 + 5
40 + 20 + 10 + 5

286
200 + 40 + 40 + 6
100 + 100 + 80 + 6

7. Leia e responda se os números indicam ordem ou quantidade.

a) No ônibus havia um total de 15 passageiros. ☐

André sentou-se na 15ª poltrona do ônibus. ☐

b) Luciano é o décimo segundo da lista de chamada. ☐

A classe de Luciano possui 12 meninos e 12 meninas. ☐

c) O sorveteiro vendeu 20 sorvetes. ☐

O sorveteiro vendeu o 20º sorvete. ☐

d) Sou o número 1 da classe. ☐

Só 1 aluno foi reprovado. ☐

SISTEMA DE NUMERAÇÃO DECIMAL

Unidades, dezenas e centenas

100 unidades = 1 centena = 100
   Lê-se: cem.
10 dezenas = 1 centena
10 unidades = 1 dezena = 10
   Lê-se: dez.

Unidades, **dezenas** e **centenas** formam a classe das unidades simples.

Centenas exatas

8. Complete.

100: Cem
200: Duzentos
300:
400:
500:
600:
700:
800:

Os números até 999

- O cubinho representa 1 **unidade**.
- A barra representa 1 **dezena**. 
- A placa representa 1 **centena**. 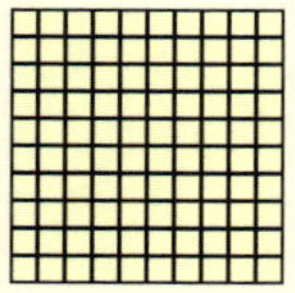

9. Observe os exemplos e escreva as quantidades representadas.

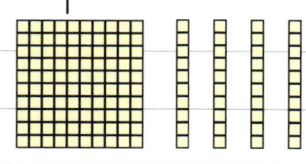

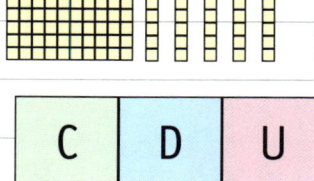

C	D	U
1	4	0

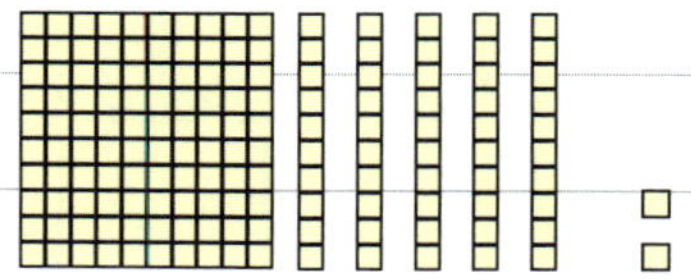

C	D	U
1	5	2

a)

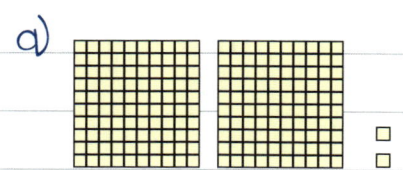

C	D	U

b)

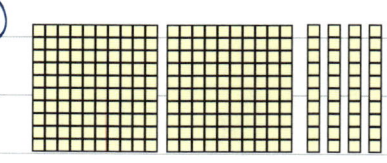

C	D	U

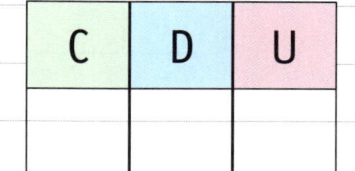

7

c)

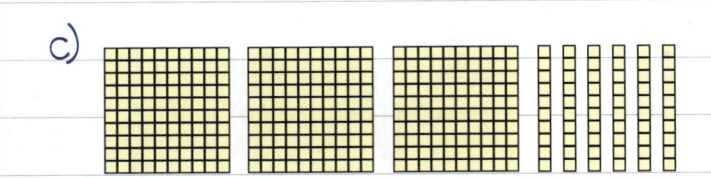

C	D	U

d)

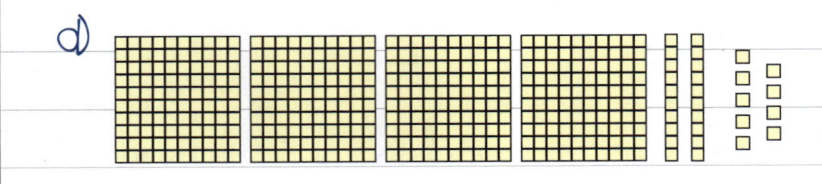

C	D	U

e)

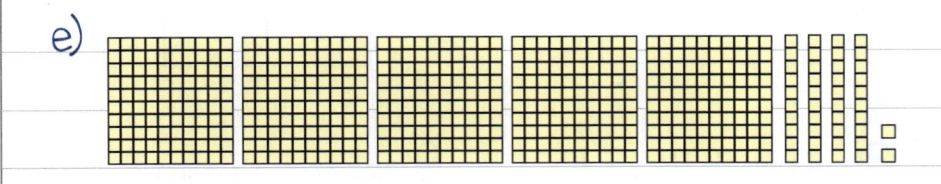

C	D	U

Composição e decomposição de números

10. Componha os seguintes números. Observe.

1 centena + 8 dezenas + 3 unidades =
100 + 80 + 3 = 183

1 centena + 5 dezenas + 8 unidades =

1 centena + 6 dezenas + 7 unidades =

5 centenas + 7 dezenas =

7 centenas + 2 unidades =

8 centenas + 8 dezenas + 5 unidades =

9 centenas + 7 dezenas + 1 unidade =

11. Escreva o número correspondente a:

4 centenas + 1 dezena ☐

4 centenas + 4 dezenas + 2 unidades ☐

4 centenas + 7 dezenas + 3 unidades ☐

4 centenas + 5 unidades ☐

4 centenas + 8 dezenas + 1 unidade ☐

5 centenas + 3 dezenas + 9 unidades ☐

5 centenas + 2 dezenas ☐

6 centenas + 5 unidades ☐

7 centenas + 7 dezenas ☐

8 centenas + 5 dezenas + 8 unidades ☐

8 centenas + 1 dezena + 3 unidades ☐

9 centenas + 9 unidades ☐

12. Decomponha os números conforme o exemplo.

123 → 1 centena, 2 dezenas e 3 unidades

146 →

208 →

266 →

309 →

360 →

400 →

491 →

408 →

603 →

671 →

880 →

Leitura de números

13. Escreva o algarismo correspondente:

- cento e oitenta ☐
- cento e dois ☐
- cento e quarenta e três ☐
- seiscentos e um ☐
- seiscentos e treze ☐
- seiscentos e quarenta ☐
- quinhentos e vinte e sete ☐
- setecentos e dezesseis ☐
- oitocentos e dezenove ☐
- seiscentos e sessenta ☐
- novecentos e nove ☐
- novecentos e noventa ☐

14. Escreva por extenso os números.

201 →

208 →

214 →

222 →

376 →

328 →

408 →

466 →

801 →

836 →

882 →

919 →

Ordem crescente e ordem decrescente

- A escrita dos números na ordem **crescente** começa **do menor para o maior**.
- A escrita dos números na ordem **decrescente** começa **do maior para o menor**.

15. Copie os números abaixo em ordem crescente, empregando o sinal < (menor que).

132   114   110   128   125   97   43   50   73   64   92

16. Escreva os números abaixo em ordem decrescente, empregando o sinal > (maior que).

117   120   115   66   22   10   38   42   58   79   84

17. Continue o registro em ordem decrescente.

| 500 | 499 | 498 | | | | | |

| | 389 | | | 386 | 385 | | |

| 650 | | | 647 | | | 644 | | 642 |

18. Complete com os números vizinhos.

240	241	242
	216	
	297	
	231	
	259	
	200	

	268	
	272	
	205	
	224	
	283	
	212	

19. Escreva os números vizinhos.

	423	
	455	
	463	
	400	
	479	

	433	
	421	
	472	
	479	
	499	

20. Observe o exemplo e complete.

−3		+3
327	330	333
	317	
	373	
	396	
	321	
	347	

−3		+3
	358	
	309	
	364	
	372	
	387	
	331	

21. Complete.

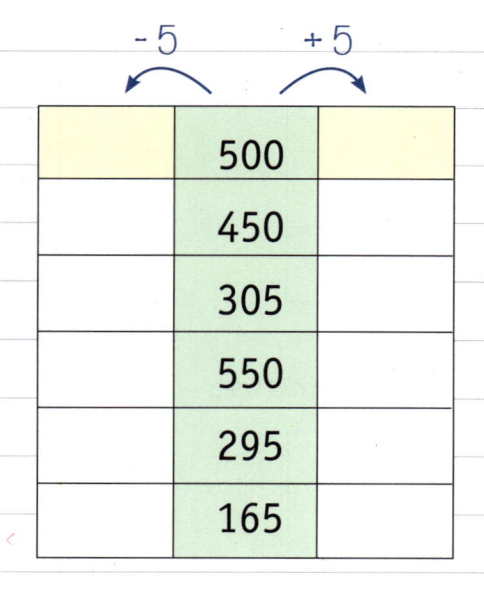

−5		+5
	500	
	450	
	305	
	550	
	295	
	165	

22. Complete as sequências.

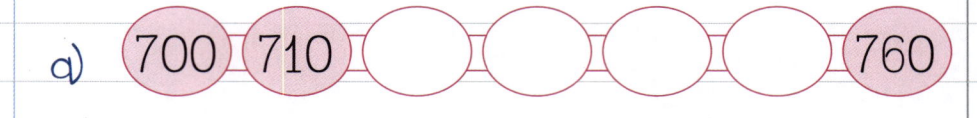

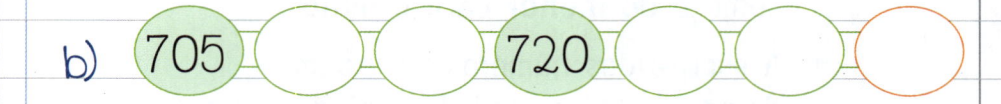

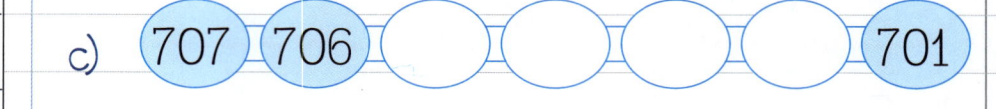

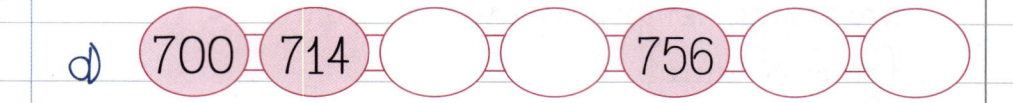

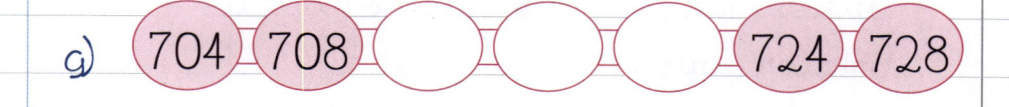

a) 700 – 710 – ◯ – ◯ – ◯ – ◯ – 760

b) 705 – ◯ – ◯ – 720 – ◯ – ◯ – ◯

c) 707 – 706 – ◯ – ◯ – ◯ – ◯ – 701

d) 700 – 714 – ◯ – ◯ – 756 – ◯ – ◯

e) 702 – ◯ – ◯ – ◯ – ◯ – 712 – ◯

f) 703 – 706 – ◯ – ◯ – ◯ – ◯ – 721

g) 704 – 708 – ◯ – ◯ – ◯ – 724 – 728

h) ◯ – ◯ – 600 – 650 – ◯ – ◯ – ◯

i) 640 – 660 – ◯ – ◯ – ◯ – ◯ – ◯

Bloco 2: Geometria

CONTEÚDO

LOCALIZAÇÃO E MOVIMENTAÇÃO
- Vista superior
- Trajetos e mudança de direção

LOCALIZAÇÃO E MOVIMENTAÇÃO

Vista superior

Vista aérea ou vista superior é o que podemos enxergar se estivéssemos por exemplo em um avião. As imagens feitas por drone também nos fornecem uma vista superior.

Vista aérea de Maceió, Alagoas.

Veja agora como seria uma vista superior de uma sala de aula, a sala de aula vista de cima.

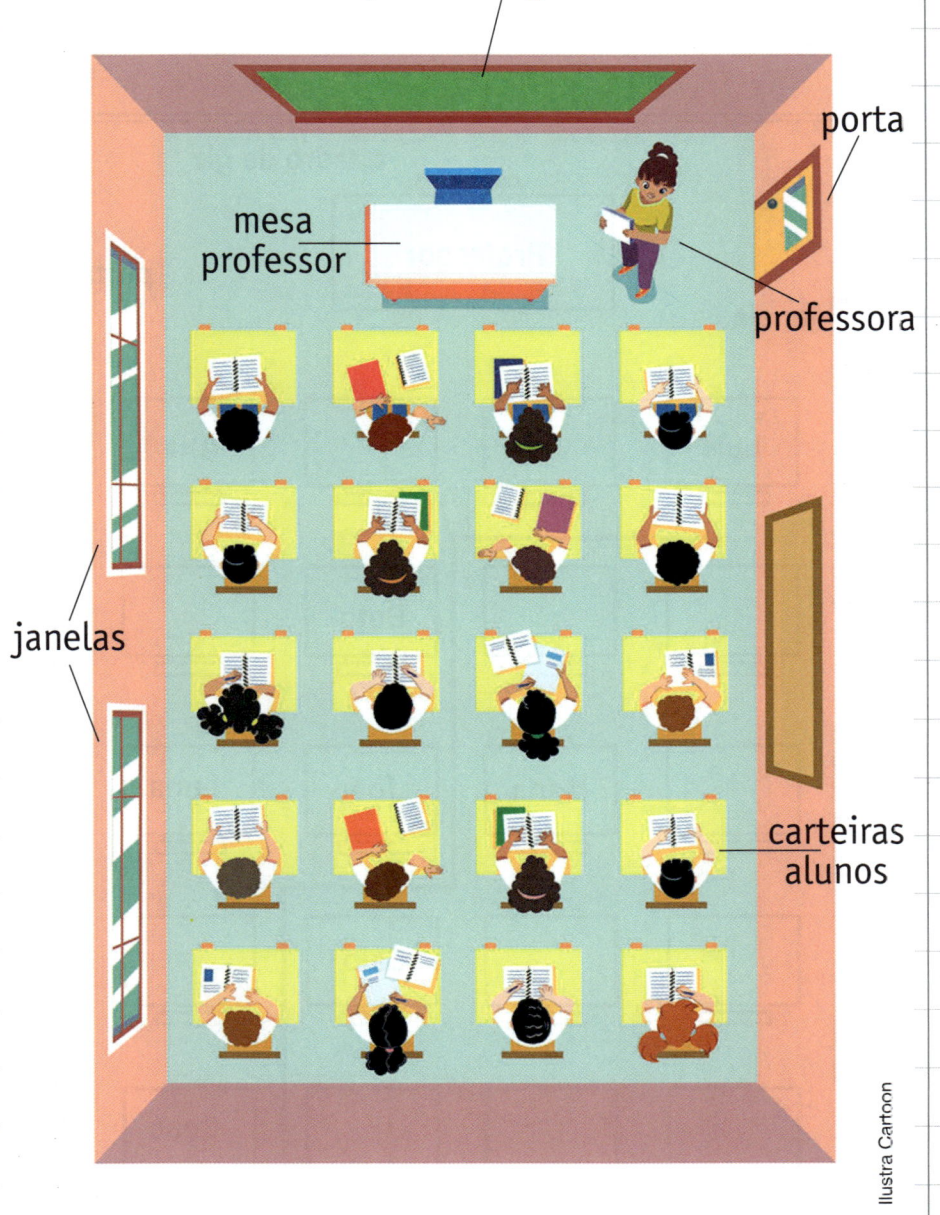

- quadro de giz
- porta
- mesa professor
- professora
- janelas
- carteiras alunos

Trajetos e mudança de direção

1. Este desenho simplificado representa uma vista superior da sala de aula do 3º ano B.

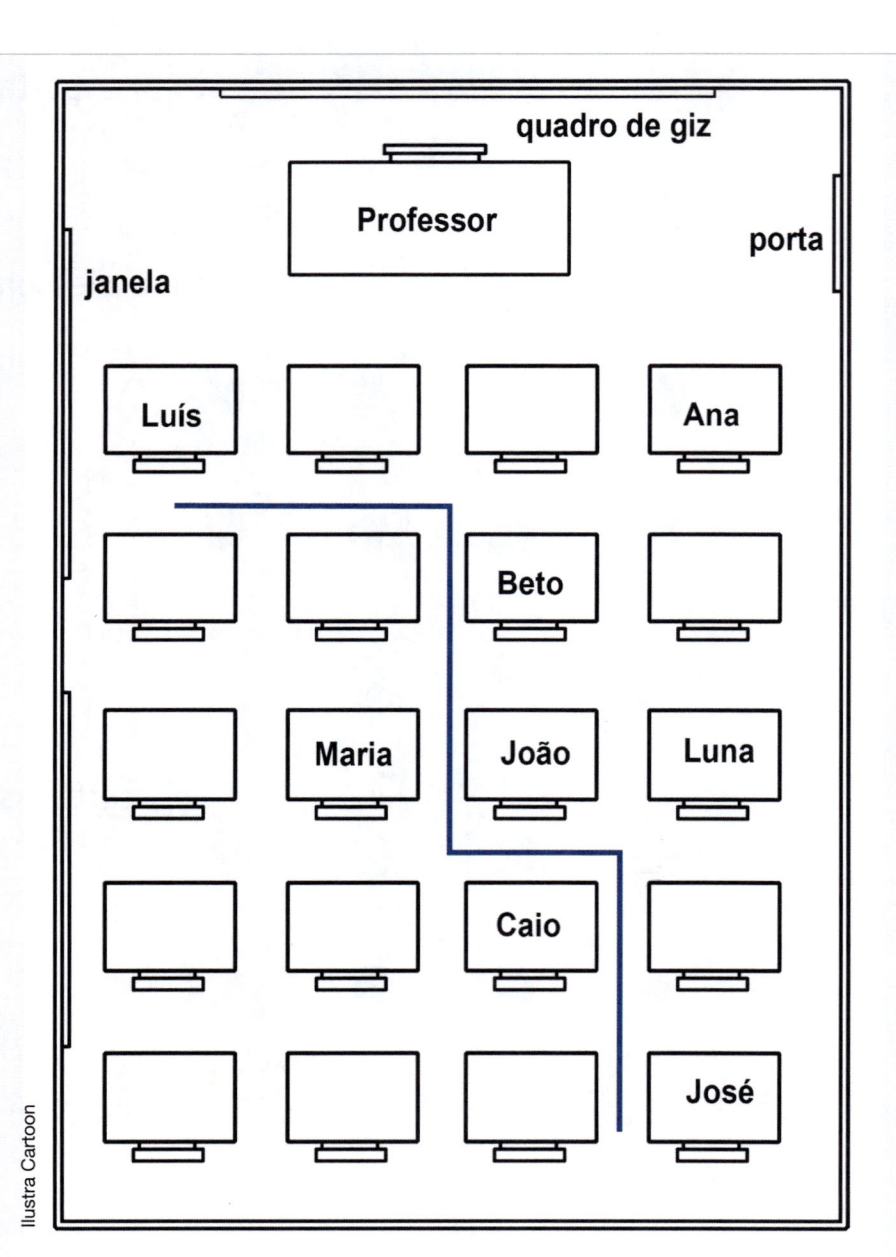

a) No desenho, representamos com traço azul o trajeto que José fez para chegar até a carteira de Luís. Nesse trajeto, quantas vezes José mudou de direção? Para direita ou para esquerda? Explique.

b) Nessa mesma figura, desenhe um trajeto que Caio pode fazer para chegar até a carteira de Luís. Depois, descreva esse trajeto.

c) No desenho abaixo, escolha uma carteira e marque seu nome. Desenhe um trajeto para chegar até a carteira de Ana. Depois, descreva esse trajeto.

2. Desenhe a vista superior da sua sala de aula, identificando a localização de sua carteira e de dois colegas. Destaque também a mesa do professor, as janelas e a porta.

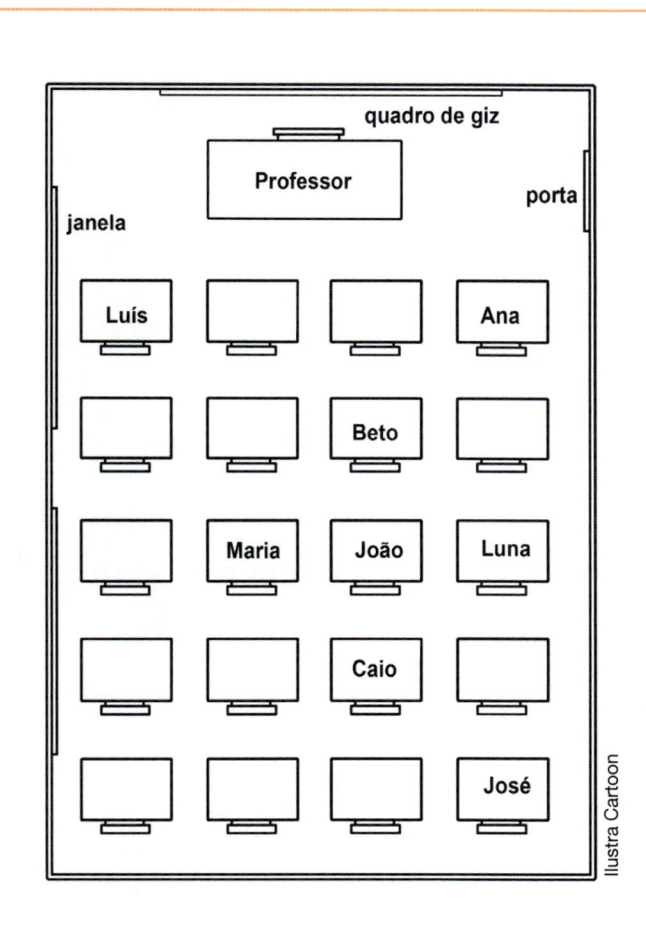

3. Este é o trecho de um bairro onde moram João e Maria.
Observe onde eles moram, as localizações da escola e da farmácia.

a) João saiu de casa, seguiu pela Rua 1 no sentido da Rua G. Na Rua G, virou à esquerda e andou 3 quadras. Onde ele chegou?

b) Descreva um caminho para João ir de casa até a escola.

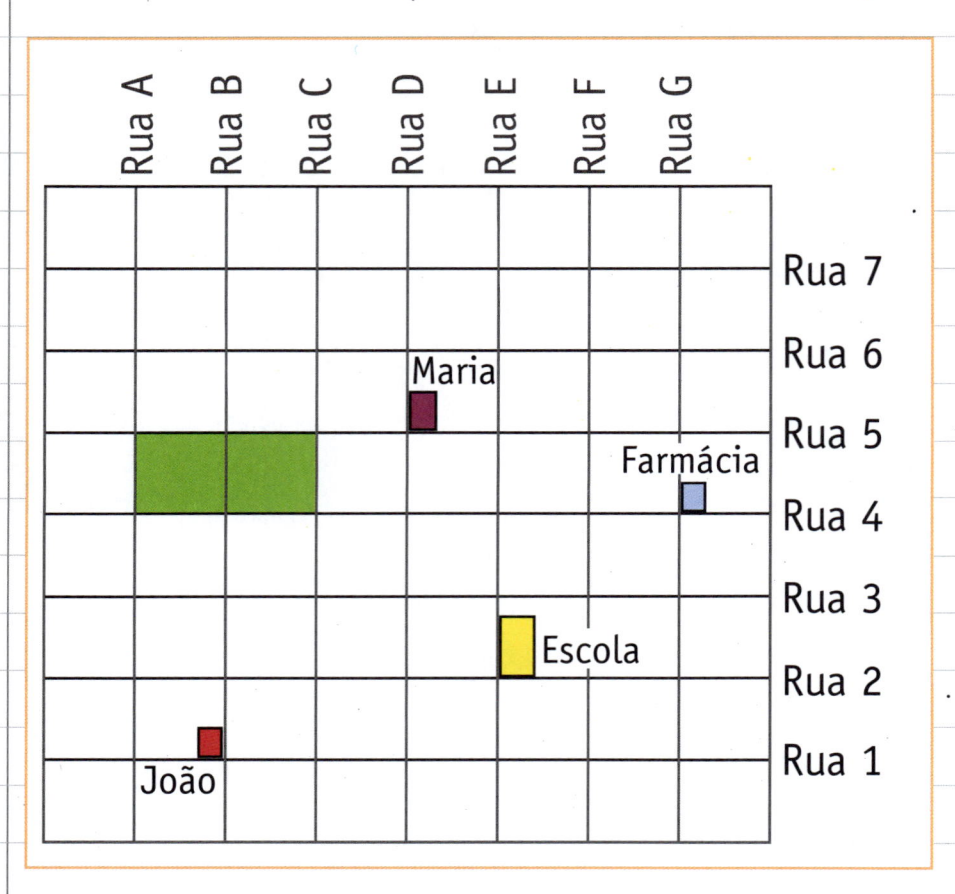

c) Descreva um caminho para Maria ir de casa até a escola.

Bloco 3: Números

CONTEÚDO

SISTEMA DE NUMERAÇÃO DECIMAL
- Ordem das unidades de milhar

ESTRATÉGIAS DE CÁLCULO
- Adição e subtração na reta numérica

SISTEMA DE NUMERAÇÃO DECIMAL

Ordem das unidades de milhar

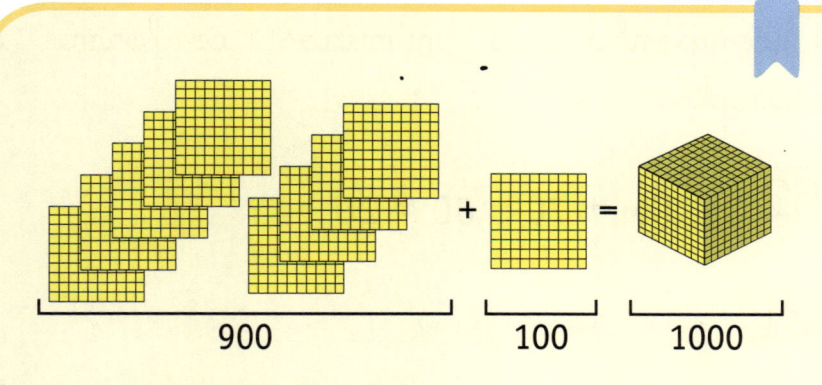

900 + 100 = 1000

1000 unidades = 1 unidade de milhar

1 milhar = 1000 unidades

Unidades de milhar	Centenas	Dezenas	Unidades
1	0	0	0

1. Escreva o número correspondente:

Unidades de milhar	Centenas	Dezenas	Unidades
1	1	3	5

UM	C	D	U
2	2	2	3

UM	C	D	U
3	3	1	2

UM	C	D	U
1	5	5	0

UM	C	D	U
4	5	0	6

2. Observe os desenhos e preencha o quadro.

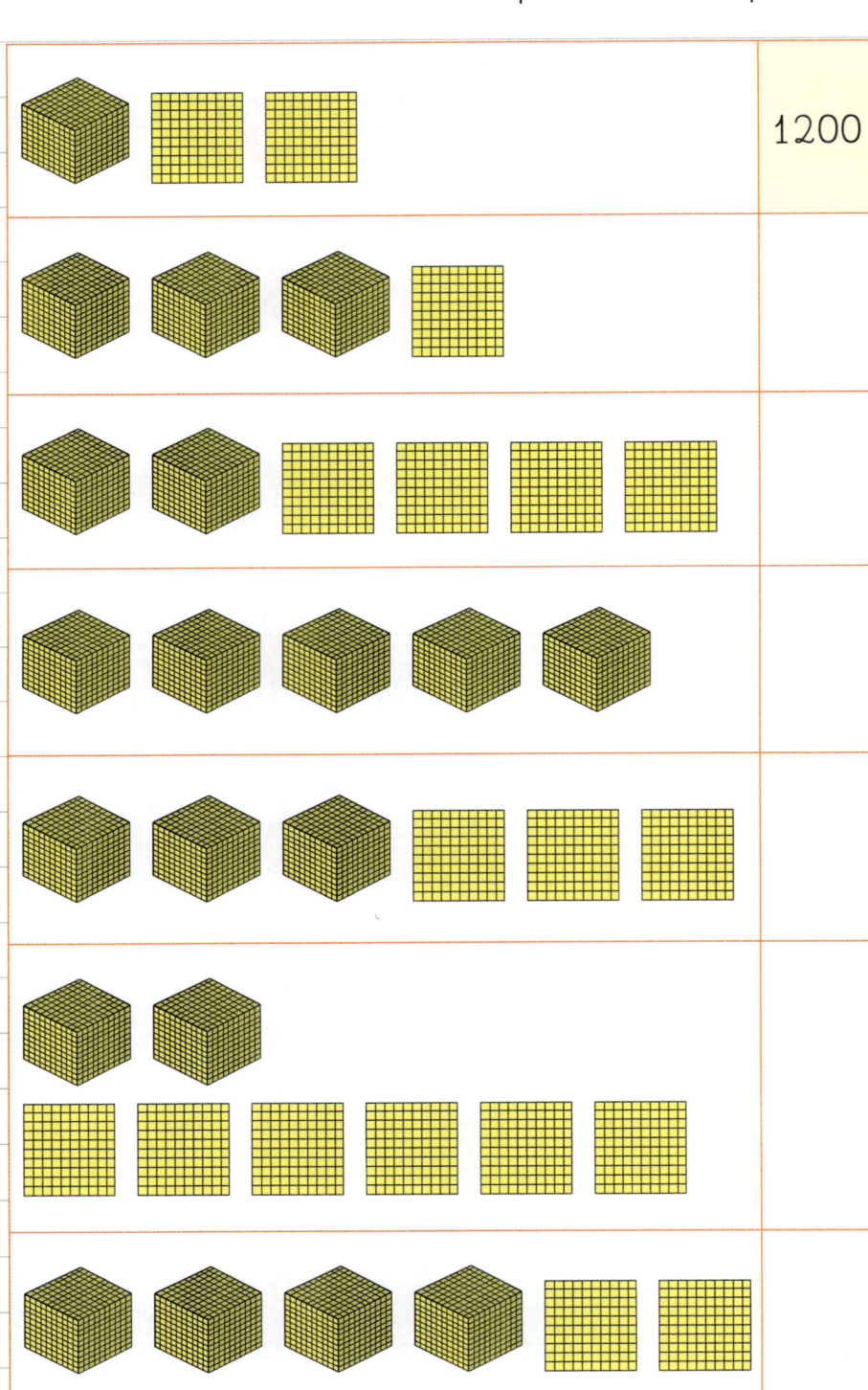

(1 cubo + 2 placas)	1200
(3 cubos + 1 placa)	
(2 cubos + 4 placas)	
(5 cubos)	
(3 cubos + 3 placas)	
(2 cubos + 5 placas)	
(4 cubos + 2 placas)	

3. Componha os números, observando o exemplo.

> 1 UM + 3C + 2D + 9U = 1 329

2UM + 9C + 4D + 2U = ☐

3UM + 6C + 5D + 6U = ☐

2UM + 6D + 3U = ☐

7UM + 8C + 5U = ☐

4. Decomponha os números conforme o exemplo.

1762	1 UM + 7C + 6D + 2U
1831	
1239	
2301	
5001	
6700	

18

5. Escreva por extenso.

a) 1284

b) 1614

c) 2562

d) 3023

e) 3919

f) 4001

g) 5000

h) 2745

6. Escreva os números usando algarismos.

• três mil, setecentos e vinte ☐

• dois mil, duzentos e dois ☐

• um mil, novecentos e cinquenta e cinco ☐

• três mil e nove ☐

7. Desta vez, vamos representar os números usando fichas.

| 1000 | 100 | 10 | 1 |

Que número está representado em cada quadro?

a)
1000	1000
1000	10	10	1	1
1000	10	1	1	1

b)

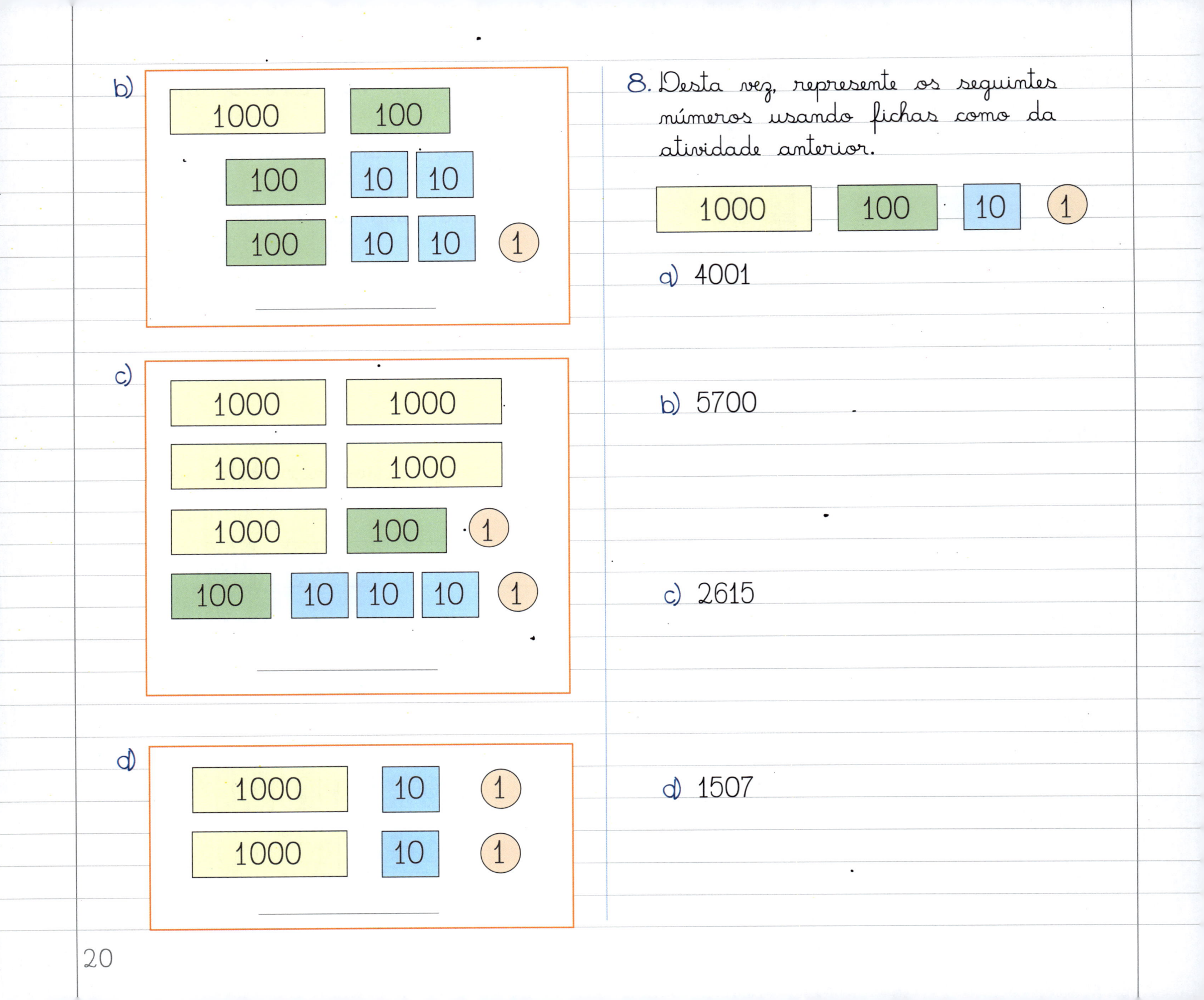

1000	100
100	10	10
100	10	10	1

_____

c)

1000	1000
1000	1000
1000	100	1
100	10	10	10	1

_____

d)

| 1000 | 10 | 1 |
| 1000 | 10 | 1 |

_____

8. Desta vez, represente os seguintes números usando fichas como da atividade anterior.

| 1000 | 100 | 10 | 1 |

a) 4001

b) 5700

c) 2615

d) 1507

ESTRATÉGIAS DE CÁLCULO

> Vamos fazer algumas adições e subtrações, em etapas.
> Essa estratégia pode ser usada para facilitar os cálculos.

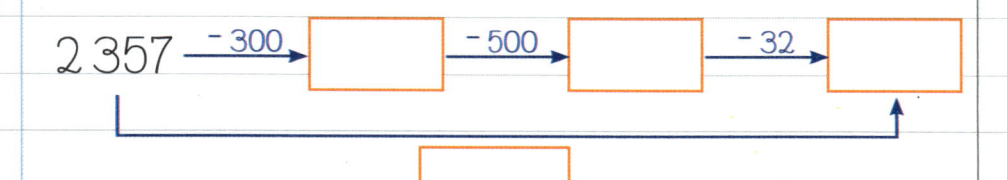

9. Complete os quadros com os resultados parciais.

a) 750 − 85 =

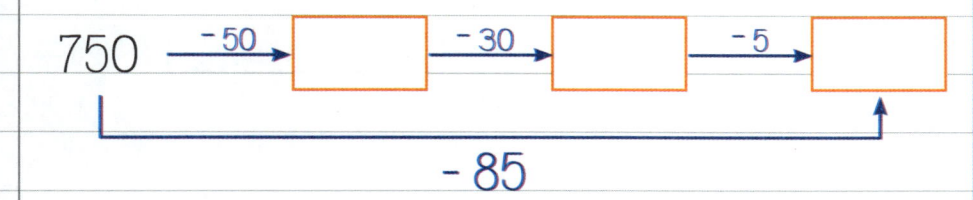

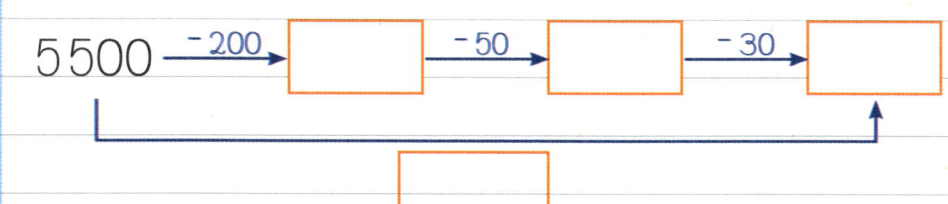

750 →(−50)→ ☐ →(−30)→ ☐ →(−5)→ ☐
              −85

b) 1800 + 525 =

1800 →(+200)→ ☐ →(+300)→ ☐ →(+25)→ ☐
              +525

c) 482 + 527 =

482 →(+500)→ ☐ →(+20)→ ☐ →(+7)→ ☐
              +527

d) 2 357 − 832 =

2 357 →(−300)→ ☐ →(−500)→ ☐ →(−32)→ ☐
              ☐

e) 5 500 − 280 =

5 500 →(−200)→ ☐ →(−50)→ ☐ →(−30)→ ☐
              ☐

f) 1820 + 480 =

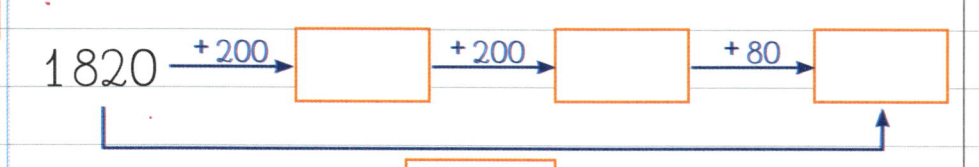

1820 →(+200)→ ☐ →(+200)→ ☐ →(+80)→ ☐
              ☐

Adição e subtração na reta numérica

> Observe que a adição na reta numérica é feita por partes para facilitar as contas.
>
> Essa estratégia pode ser usada para fazer cálculos mentais.

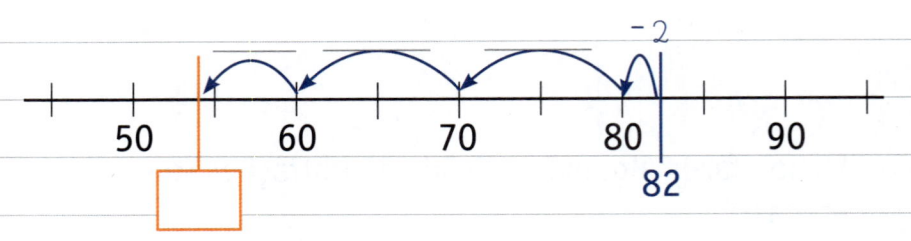

10. Vamos fazer adições e subtrações na reta numérica.

a) 77 + 29 =

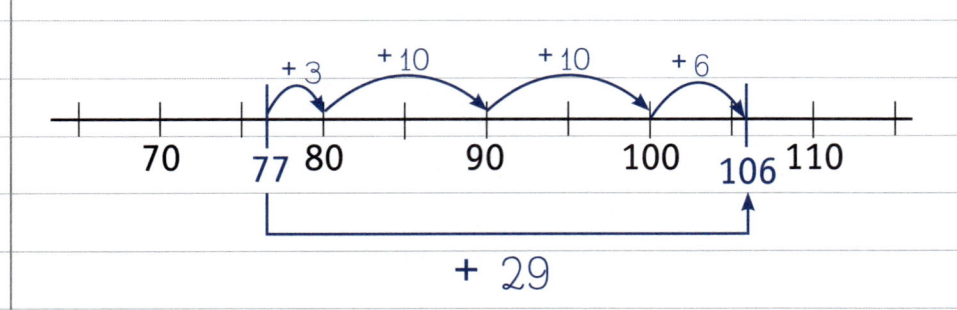

b) Complete os dados nesta reta numérica.
150 + 285 =

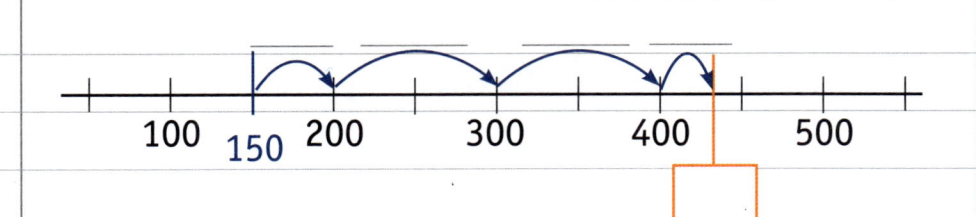

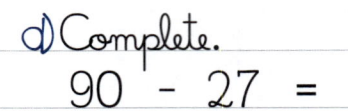

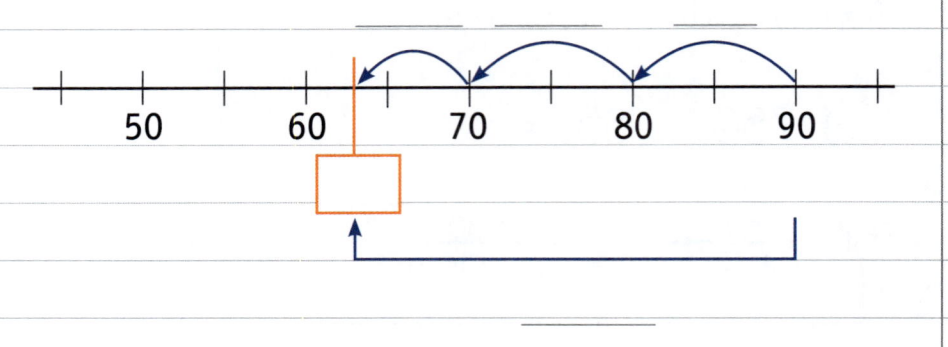

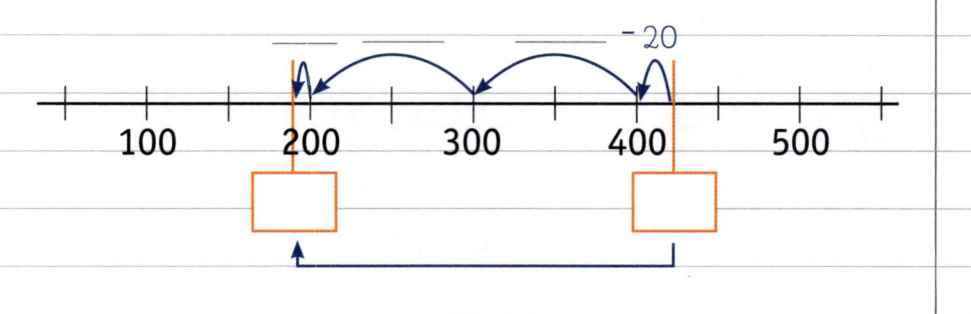

c) Complete esta subtração na reta numérica.
82 - 28 =

d) Complete.
90 - 27 =

e) 420 - 230 =

f) 170 + 290 =

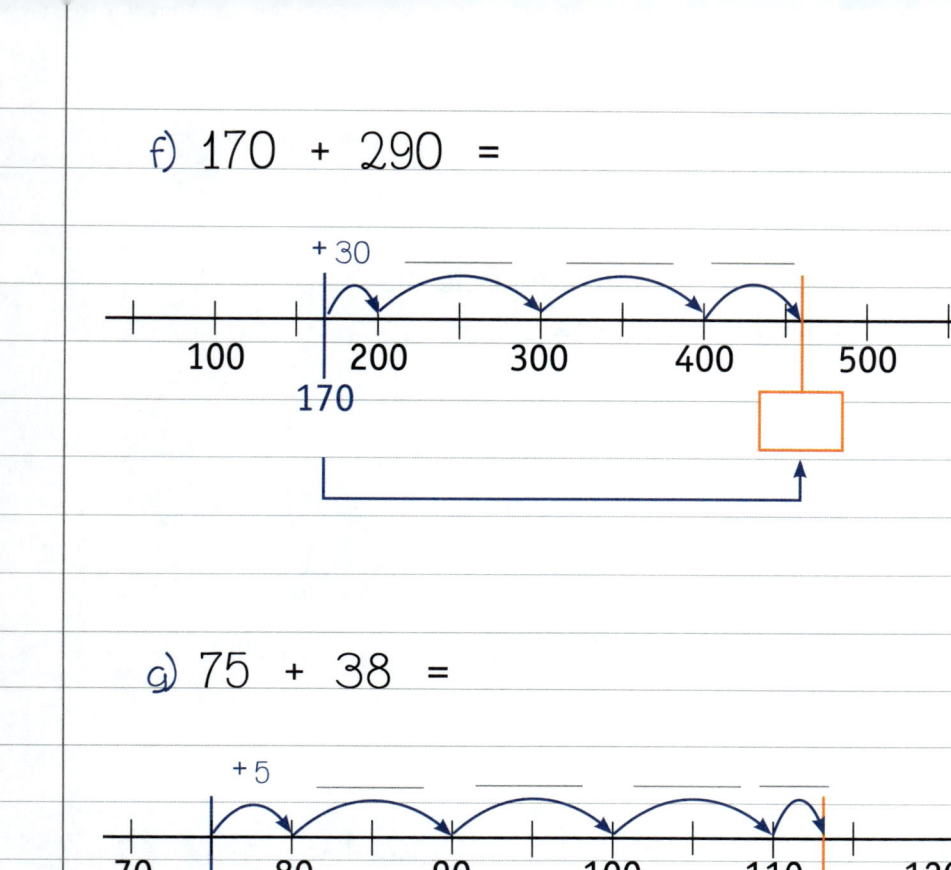

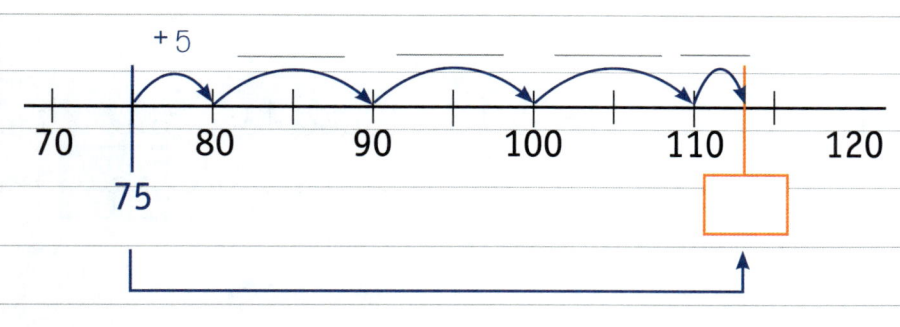

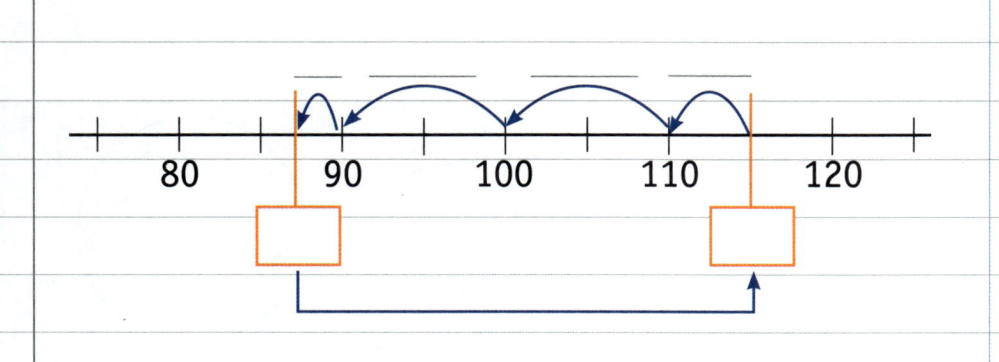

g) 75 + 38 =

h) 115 - 28 =

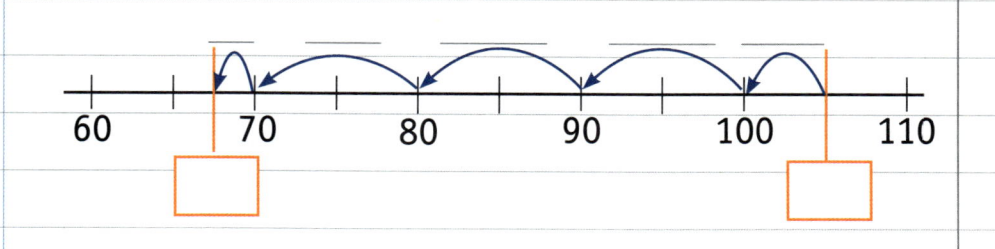

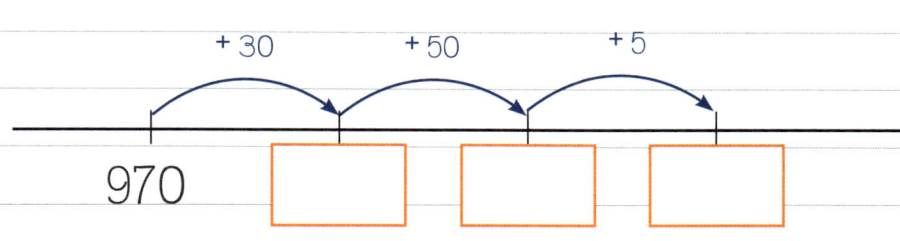

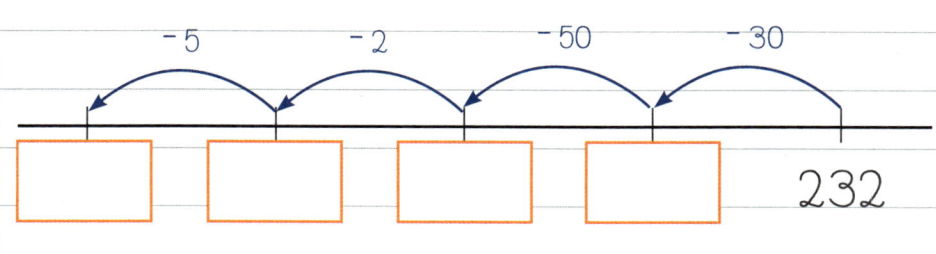

i) 105 - 38 =

j) 970 + 85 =

k) 232 - 87 =

Bloco 4: Geometria

CONTEÚDO

POLIEDROS E CORPOS REDONDOS
- Cone, cilindro, esfera, bloco, prisma, pirâmide

PRISMAS
- Planificações

PIRÂMIDES
- Planificações

POLIEDROS E CORPOS REDONDOS

Cone, cilindro, esfera, bloco, prisma, pirâmide

Os sólidos que têm superfície curva são chamados **corpos redondos**.

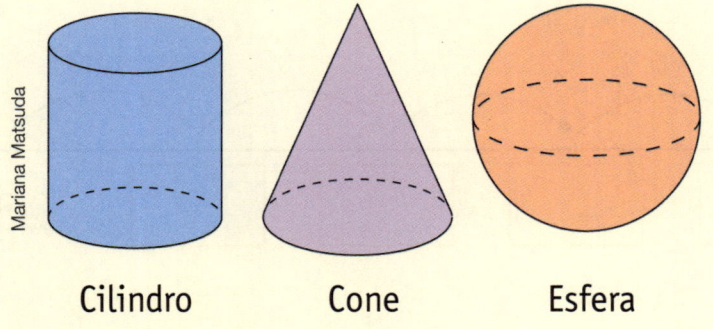

Cilindro — Cone — Esfera

Os sólidos que só têm superfície plana são chamados **poliedros**.

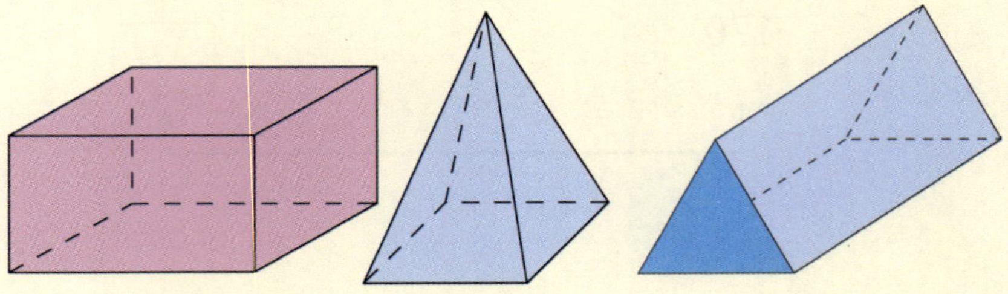

Bloco — Pirâmide — Prisma

1. Pinte de verde os sólidos que têm apenas superfícies planas e de azul os que têm superfície curva.

24

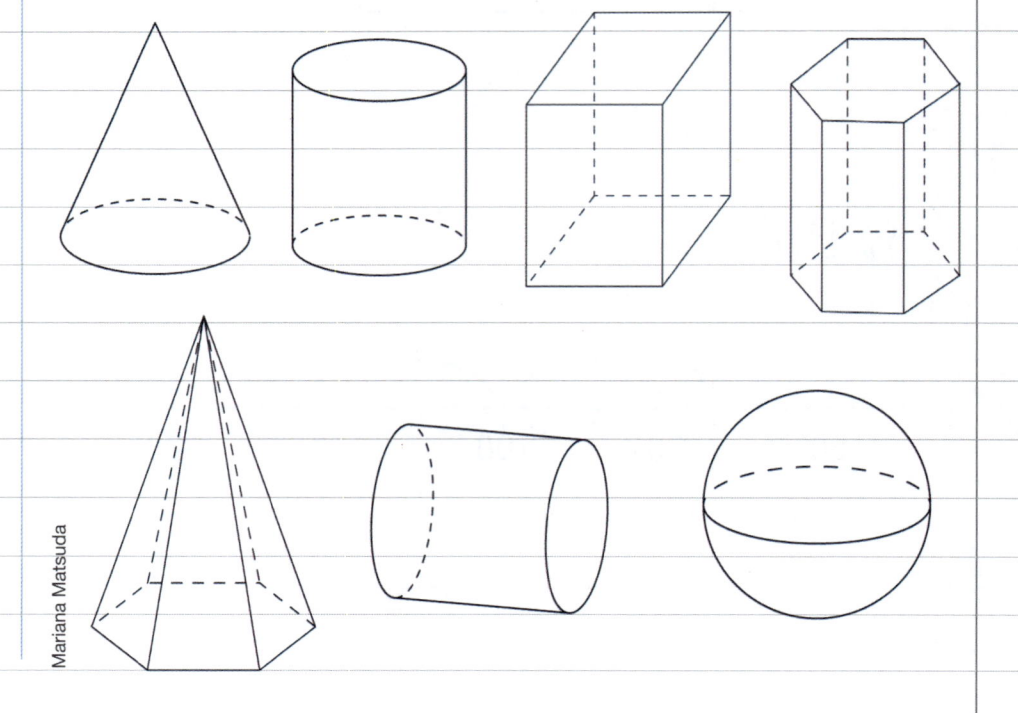

2. Escreva o nome do sólido geométrico que cada figura lembra.

PRISMAS

Prismas são sólidos geométricos que têm bases paralelas, formadas por polígonos (triângulo, quadrado, pentágono etc.), e as faces laterais são retângulos.

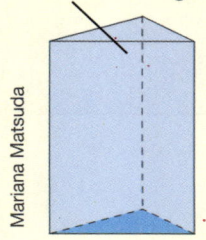

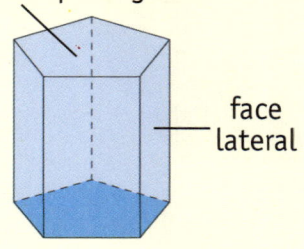

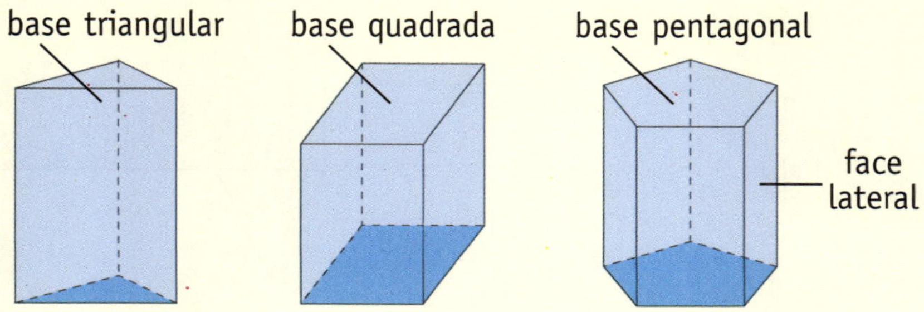

base triangular — base quadrada — base pentagonal — face lateral

PIRÂMIDES

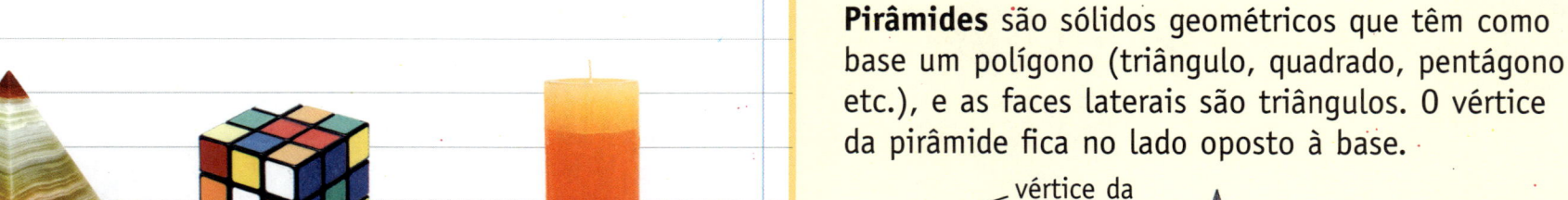

Pirâmides são sólidos geométricos que têm como base um polígono (triângulo, quadrado, pentágono etc.), e as faces laterais são triângulos. O vértice da pirâmide fica no lado oposto à base.

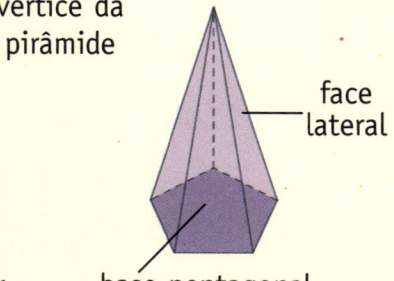

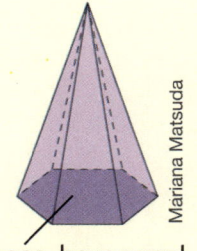

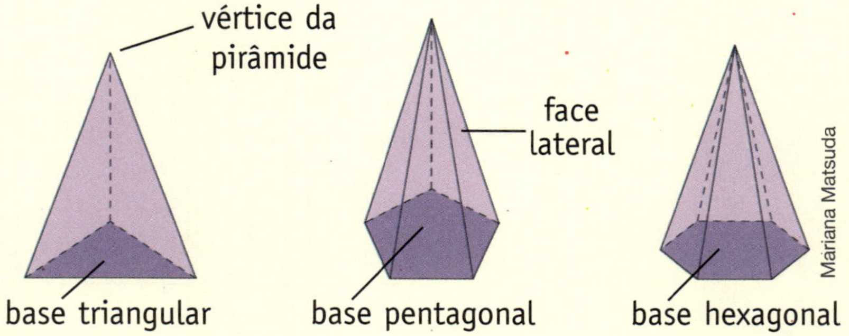

vértice da pirâmide — face lateral

base triangular — base pentagonal — base hexagonal

Imagens: Shutterstock

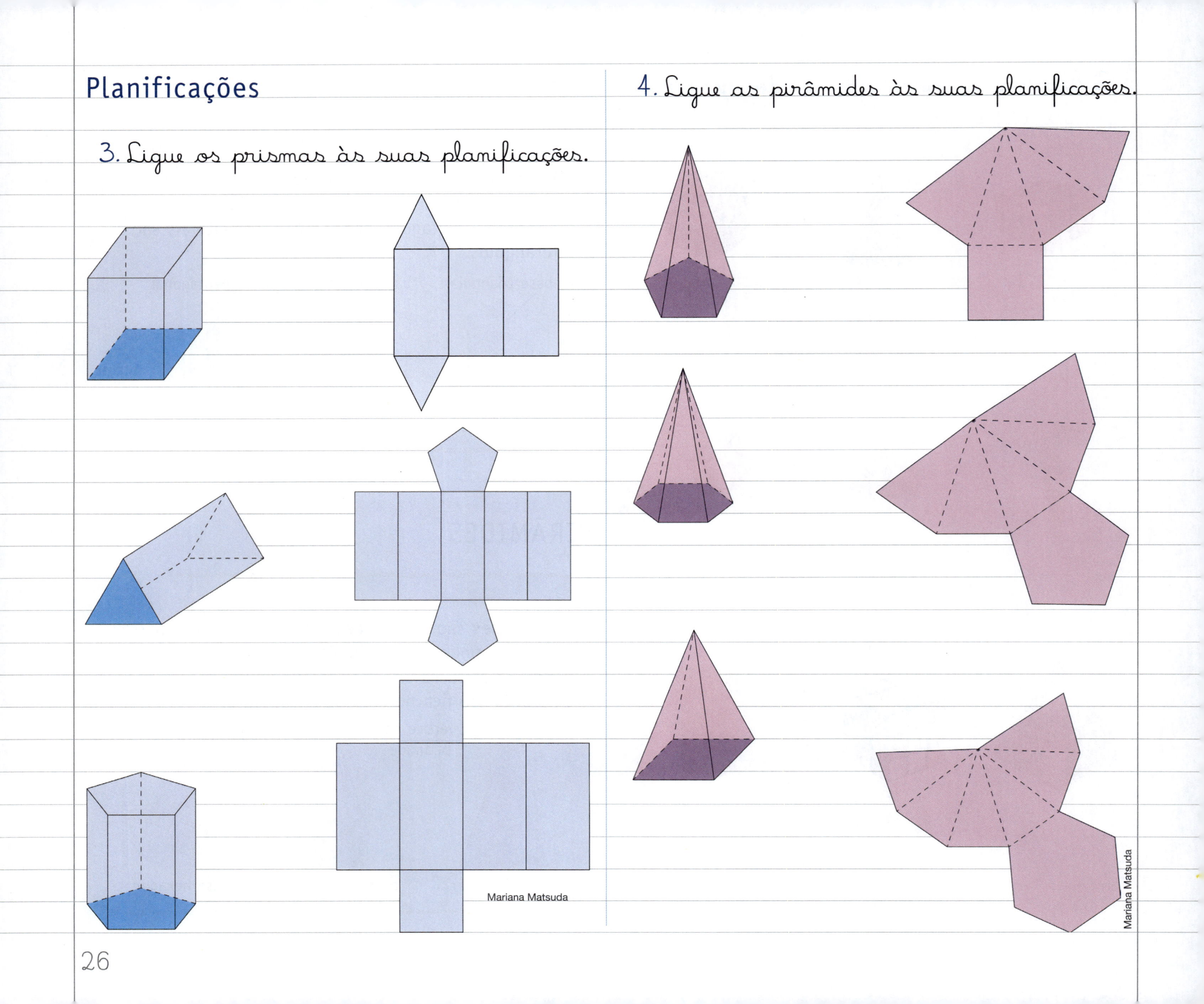

Planificações

3. Ligue os prismas às suas planificações.

4. Ligue as pirâmides às suas planificações.

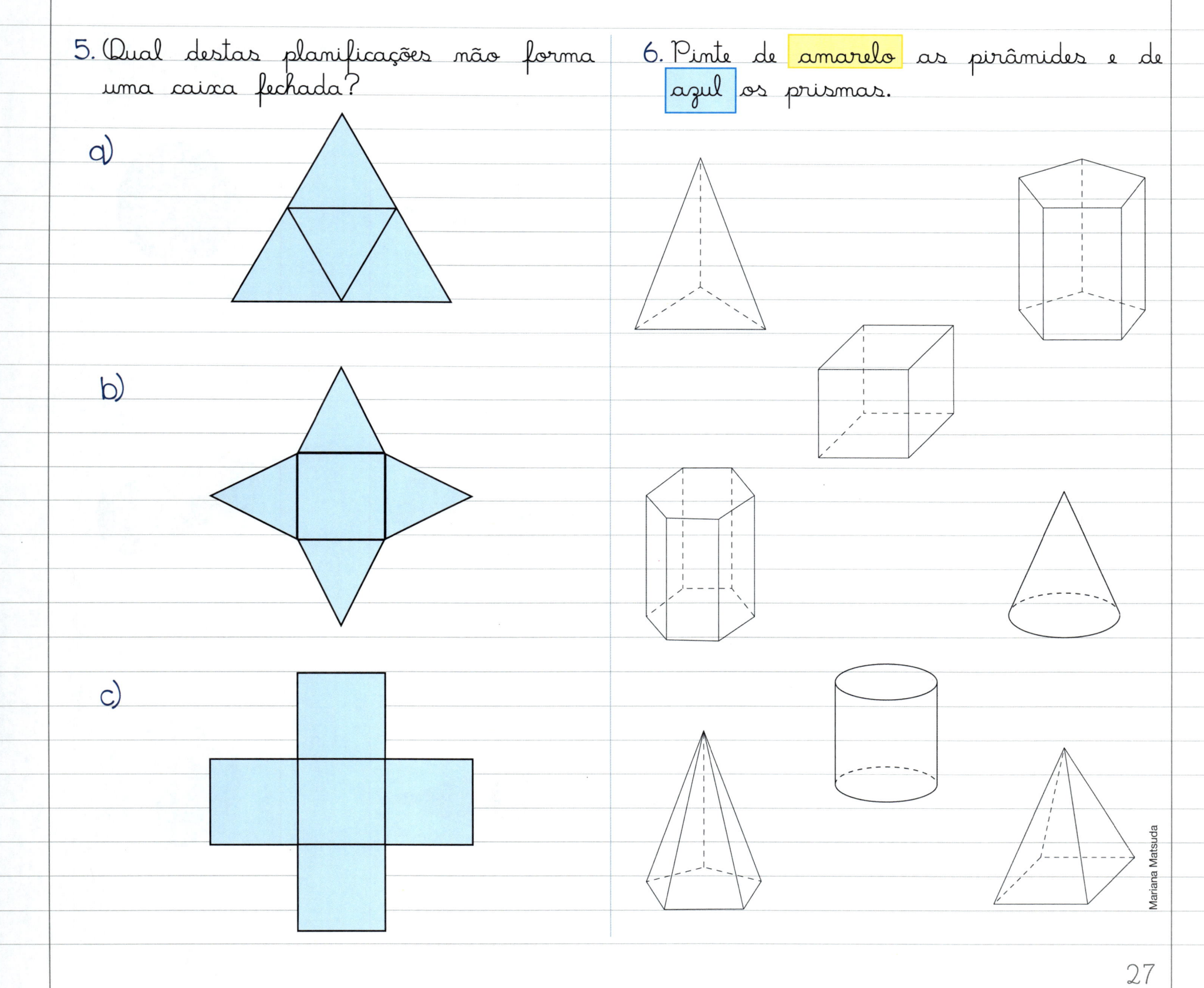

5. Qual destas planificações não forma uma caixa fechada?

a)

b)

c)

6. Pinte de amarelo as pirâmides e de azul os prismas.

27

7. Associe os objetos aos nomes dos sólidos geométricos.

Bloco 5: Números

CONTEÚDO

ADIÇÃO
- Adição de números naturais
- Verificação da adição
- Adição com reserva
- Problemas

ADIÇÃO
Adição de números naturais

Adição

Símbolo: +

Lê-se: mais

```
  65  ← parcela
+ 34  ← parcela
  99  ← soma ou total
```

1. Arme e efetue as adições.

a) 555 + 432

UM	C	D	U
+			

b) 613 + 824

UM	C	D	U
+			

c) 1562 + 112

UM	C	D	U
+			

d) 243 + 512

UM	C	D	U
+			

e) 1330 + 415

UM	C	D	U
+			

f) 1603 + 204

UM	C	D	U
+			

2. Arme e efetue as adições.

a) 6420 + 40

b) 1427 + 30

c) 2324 + 213

d) 2246 + 1132

e) 5240 + 320 + 20

f) 3230 + 110 + 320

g) 4350 + 232 + 216

h) 4723 + 1140 + 222

i) 3420 + 321 + 100

j) 8300 + 450 + 200

3. Encontre o número que deve ser colocado nos quadrinhos.

```
    1  6  □  4
 +     □  2  3
   ─────────────
    1  9  7  □
```

```
    2  □  6  7
 +  1  7  2  □
   ─────────────
    □  7  8  8
```

```
    1  □  6  2
 +     2  □  5
   ─────────────
    1  6  9  □
```

```
       □  5  2
 +     1  3  □
   ─────────────
       9  8  8
```

```
    □  □  □
 +     2  4  4
   ─────────────
    8  5  7
```

```
    2  5  7  0
 +     2  0  8
   ─────────────
    □  □  □  □
```

Verificação da adição

> Para saber se uma adição está certa, fazemos o seguinte: invertemos a ordem das parcelas e repetimos a operação. O resultado não se altera.

4. Resolva as adições e verifique se estão corretas.

```
   2 4 3          2 0
 +   2 0        + 2 4 3     ← parcelas
     1 4            1 4
   -----        -------
   2 7 7          2 7 7     ← soma ou total
```

a) 2 4 5
  + 1 2 0

b) 1 3 4 3
  +   3 5 2

c) 2 5 2 6
  + 1 3 6 2

d) 3 7 4
    1 0 4
  + 2 1 0

e) 4 6 8 0
  +   3 1 5

f) 1 2 3 1
  +   4 0 8

g) 1 5 0 8
  +   8 1

h) 2 3 0
    1 0 4
  +   1 0

i) 2 1 2 5
  +   3 6 0

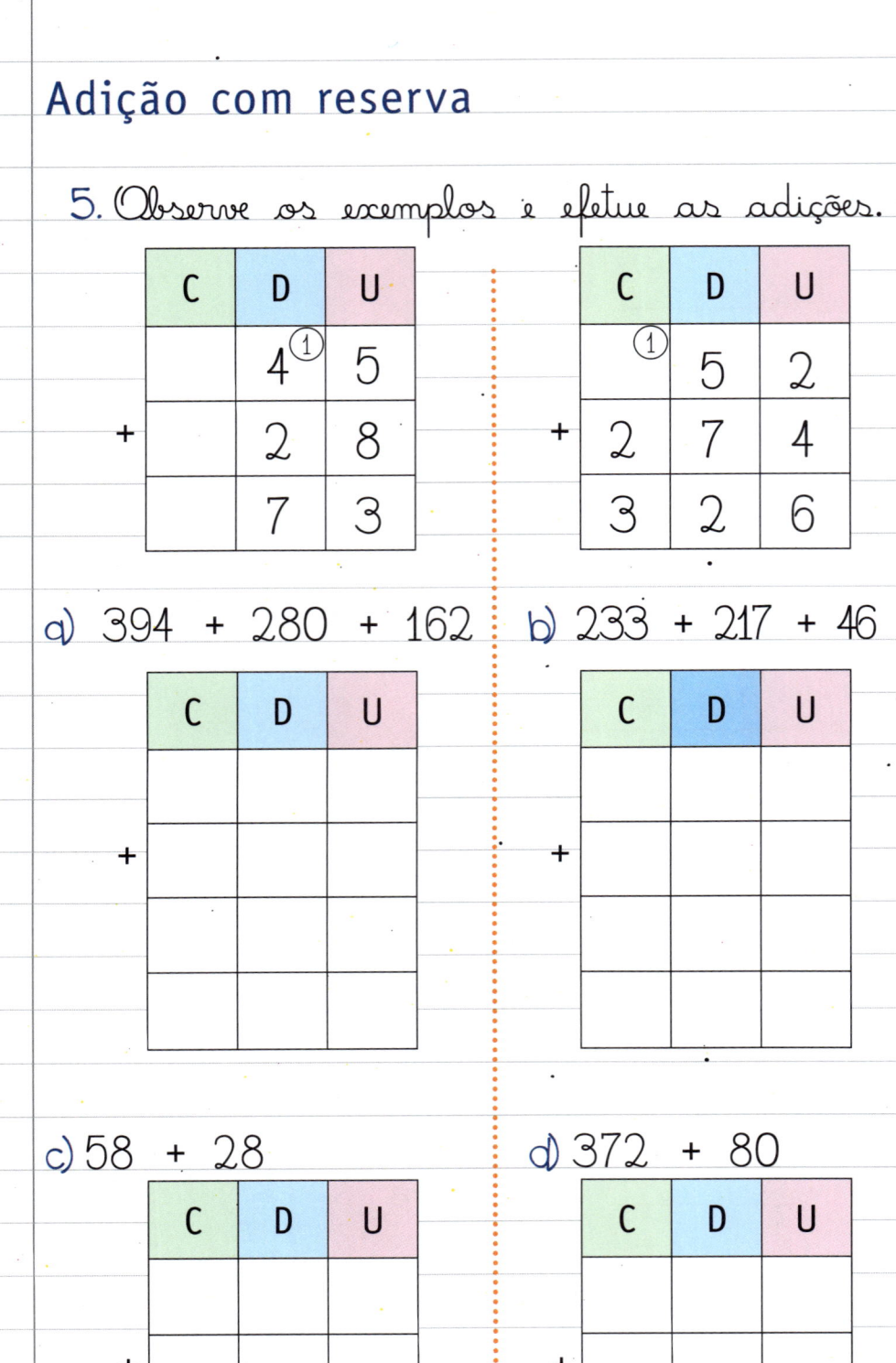

Adição com reserva

5. Observe os exemplos e efetue as adições.

C	D	U
	4①	5
+	2	8
	7	3

C	D	U
①	5	2
+ 2	7	4
3	2	6

a) 394 + 280 + 162

C	D	U

b) 233 + 217 + 46

C	D	U

c) 58 + 28

C	D	U

d) 372 + 80

C	D	U

e) 32 + 29

C	D	U

f) 506 + 198

C	D	U

g) 175 + 107

C	D	U

h) 326 + 34 + 12

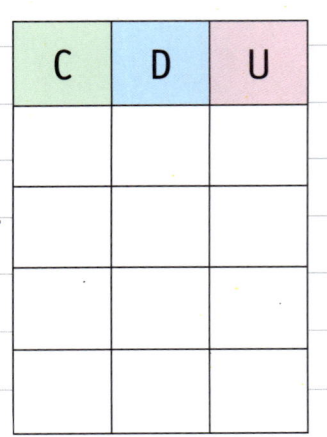

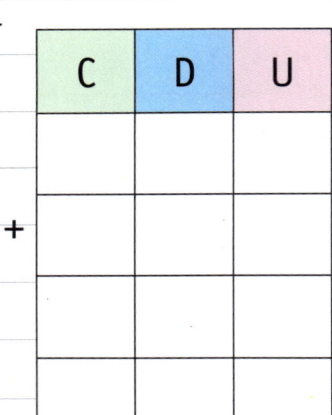

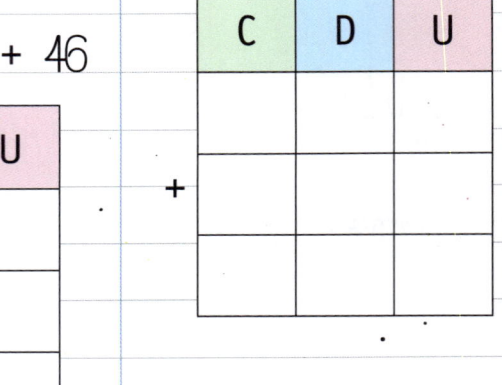

C	D	U

i) 380 + 145 + 232

C	D	U

j) 271 + 196 + 82

C	D	U

6. Arme, efetue as adições e verifique se estão certas.

a) 1326 + 149 + 207 = ☐

b) 1412 + 316 + 4 = ☐

c) 3028 + 617 + 238 = ☐

d) 629 + 136 + 18 = ☐

7. Efetue as adições.

a) 1478 + 586

UM	C	D	U

b) 2528 + 336

UM	C	D	U

c) 1349 + 221

UM	C	D	U

d) 1856 + 497

UM	C	D	U

e) 1589 + 357

UM	C	D	U

f) 3147 + 484

UM	C	D	U

Problemas

8. Laura foi a um passeio da escola e observou que saíram 3 ônibus. O primeiro saiu com 46 alunos, o segundo com 32 e o terceiro com 28. Quantos alunos foram ao passeio?
Cálculo   Resposta

9. Fabiana fez 125 brigadeiros, 70 beijinhos de coco e 110 quindins para a festa de aniversário de sua prima Luciana. Quantos doces Fabiana fez?
Cálculo   Resposta

10. Num clube de campo foram distribuídos 140 picolés para as crianças e 102 picolés para os adultos. Quantos picolés foram distribuídos?
Cálculo   Resposta

11. Um trem levava 256 passageiros. Numa estação, subiram mais 42. Quantos passageiros ficaram no trem?
Cálculo   Resposta

Bloco 6: Números

CONTEÚDO

SUBTRAÇÃO
- Subtração de números naturais
- Verificação da subtração
- Subtração com desagrupamento
- Problemas

SUBTRAÇÃO
Subtração de números naturais

Subtração

Símbolo: −

Lê-se: menos

$$\begin{array}{r} 85 \\ -31 \\ \hline 54 \end{array} \begin{array}{l} \rightarrow \text{ minuendo} \\ \rightarrow \text{ subtraendo} \\ \rightarrow \text{ resto ou diferença} \end{array}$$

1. Efetue estas subtrações.

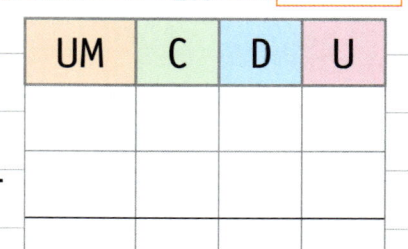

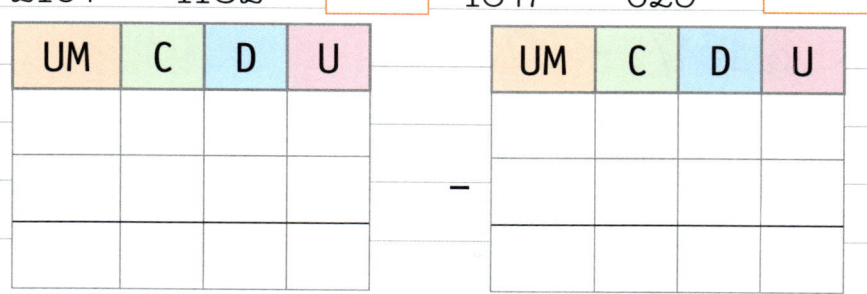

a) 783 − 61 =

UM	C	D	U

b) 1496 − 12 =

UM	C	D	U

c) 6379 − 256 =

UM	C	D	U

d) 4272 − 251 =

UM	C	D	U

e) 1386 − 235 =

UM	C	D	U

f) 3264 − 1132 =

UM	C	D	U

g) 2164 − 1132 =

UM	C	D	U

h) 1847 − 625 =

UM	C	D	U

Verificação da subtração

> Para verificar se uma subtração está correta, fazemos o seguinte: somamos a diferença ao subtraendo. O resultado deve ser o minuendo.

2. Arme, efetue as subtrações e verifique se estão corretas.

```
 868 - 436 =
   8 6 8            4 3 2
 - 4 3 6          + 4 3 6
   4 3 2            8 6 8
```

a) 525 - 204 =

b) 1647 - 320 =

d) 978 - 432 =

e) 2710 - 510 =

f) 1374 - 152 =

g) 885 - 241 =

h) 1986 - 653 =

i) 2731 - 1121 = ______

j) 3472 - 2251 = ______

Subtração com desagrupamento

3. Observe os exemplos e efetue as subtrações.

	C	D	U
		(2) ~~3~~	(12) ~~2~~
−		1	5
		1	7

	C	D	U
	(3) ~~4~~	(12) ~~2~~	7
−	1	4	3
	2	8	4

	UM	C	D	U
			7	5
−			1	8

	UM	C	D	U
		6	7	6
−		5	3	8

	UM	C	D	U
		4	5	4
−			4	7

	UM	C	D	U
	1	6	2	3
−		3	4	5

	UM	C	D	U
			6	1
−			3	9

	UM	C	D	U
	1	4	0	5
−			2	9

	UM	C	D	U
	2	8	0	8
−			3	7

	UM	C	D	U
	2	5	2	1
−		6	4	3

	UM	C	D	U
	3	5	7	2
−		2	0	5

	UM	C	D	U
	1	6	2	4
−		4	1	8

4. Arme e efetue as subtrações.

a) 357 − 92 =

b) 1806 − 352 =

c) 1520 − 186 =

d) 2935 − 1546 =

e) 962 − 70 =

f) 248 − 64 =

g) 609 − 369 =

h) 431 − 376 =

i) 652 − 217 =

j) 1642 − 469 =

Problemas

5. Paulinho tem 16 anos. Joãozinho tem 9 anos. Quantos anos Paulinho é mais velho que Joãozinho?
 Cálculo Resposta

6. Titio tem 35 selos. Quantos selos faltam para completar uma centena?
 Cálculo Resposta

7. Um granjeiro recolheu 80 ovos e 13 quebraram-se. Quantos restaram?
 Cálculo Resposta

8. Papai vai precisar de 61 metros de arame. Ele só tem 45. Quantos metros faltam?

   Cálculo   Resposta

9. De uma peça de fita com 100 metros, foram vendidos 82 metros. Quantos metros restaram?

   Cálculo   Resposta

10. Ana, Gustavo e Dedé têm, juntos, 50 anos. Ana tem 16 anos e Dedé, 18. Quantos anos tem Gustavo?

    Cálculo   Resposta

11. Beto fez 43 pontos em um jogo. Tonico fez 15 pontos a menos. Quantos pontos fizeram juntos?

    Cálculo   Resposta

12. Juca foi à lanchonete e pediu um suco e um sanduíche. O suco custou 6 reais e o sanduíche custou 15 reais. Ele pagou com uma cédula de 20 reais e outra de 10 reais. Quanto recebeu de troco?

    Cálculo   Resposta

Bloco 7: Geometria

CONTEÚDO

POLÍGONOS
- Triângulos e quadriláteros

QUADRILÁTEROS
- Retas paralelas
- Retas perpendiculares
- Quadrado, retângulo, trapézio, paralelogramo

FIGURAS CONGRUENTES

POLÍGONOS

Triângulos e quadriláteros

Polígonos são linhas fechadas simples formadas por segmentos de retas.

- **Triângulos** são polígonos formados por três lados.
- **Quadriláteros** são polígonos formados por quatro lados.

1. Responda.

 a) O que é um polígono?

 b) Como se chama um polígono de 3 lados?

 c) Que nome tem o polígono de 4 lados?

2. Escreva o nome dos polígonos abaixo.

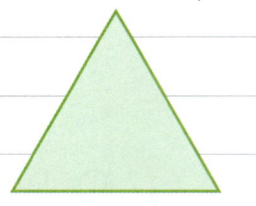

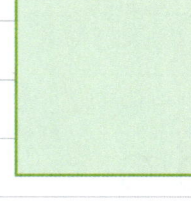

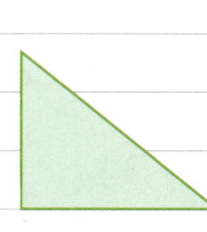

3. Escreva o número de lados de cada polígono.
Pinte os quadriláteros de vermelho.
Pinte os triângulos de azul.

a) b) c) d) e) f) g) h) i) j) k) l) m) n) o) p) q) r)

4. Desenhe os polígonos.

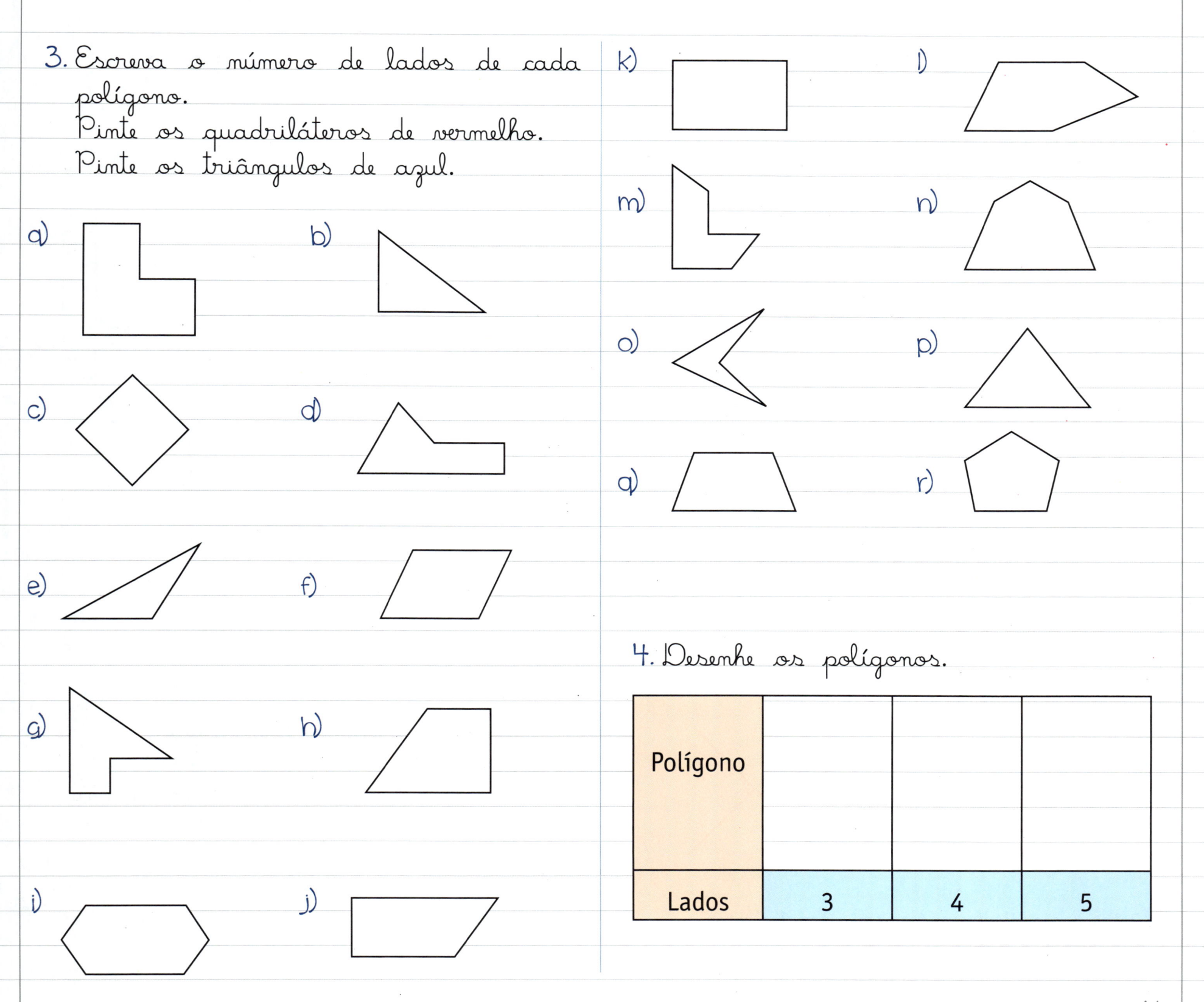

Polígono			
Lados	3	4	5

QUADRILÁTEROS

Retas paralelas

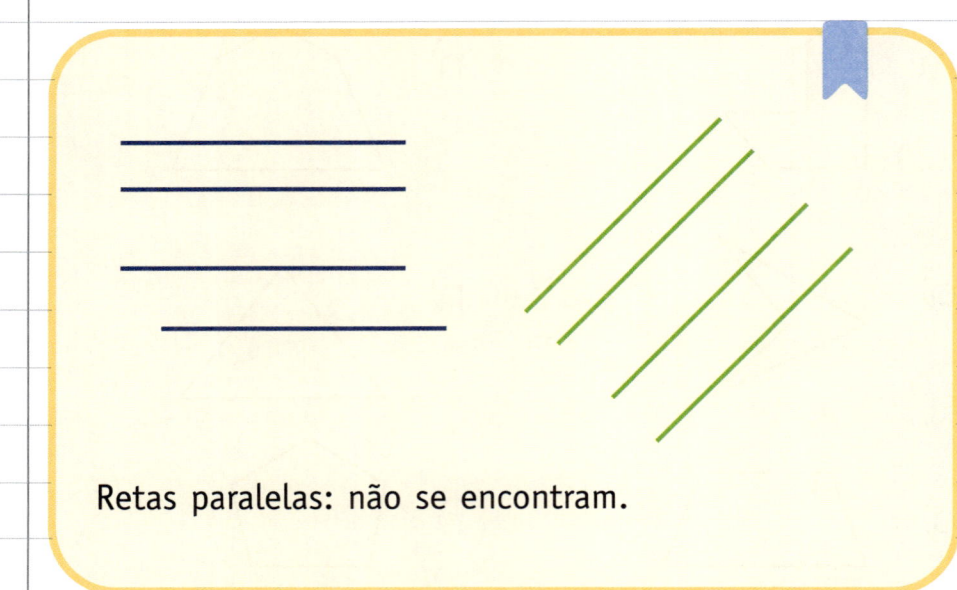

Retas paralelas: não se encontram.

Retas perpendiculares

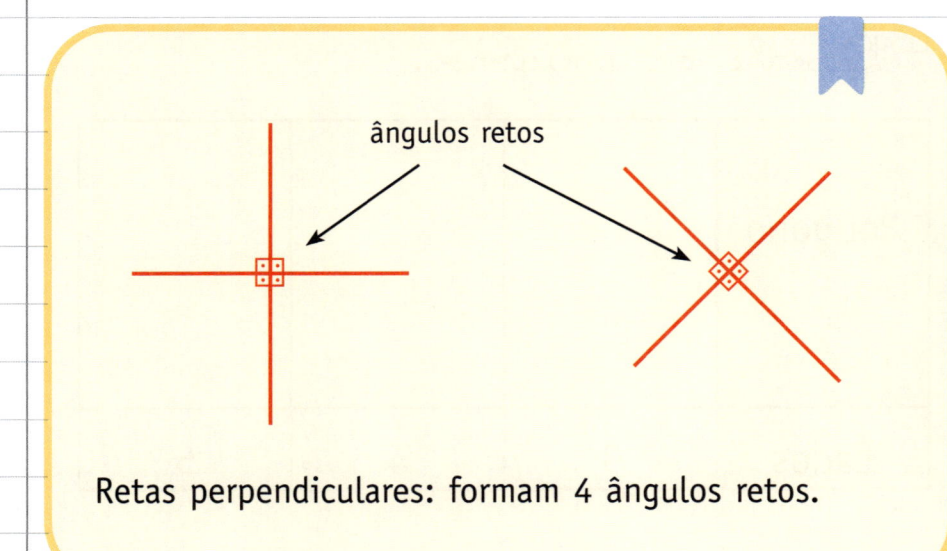

ângulos retos

Retas perpendiculares: formam 4 ângulos retos.

Quadrado, retângulo, trapézio, paralelogramo

Observe estes quadriláteros desenhados na malha quadriculada.

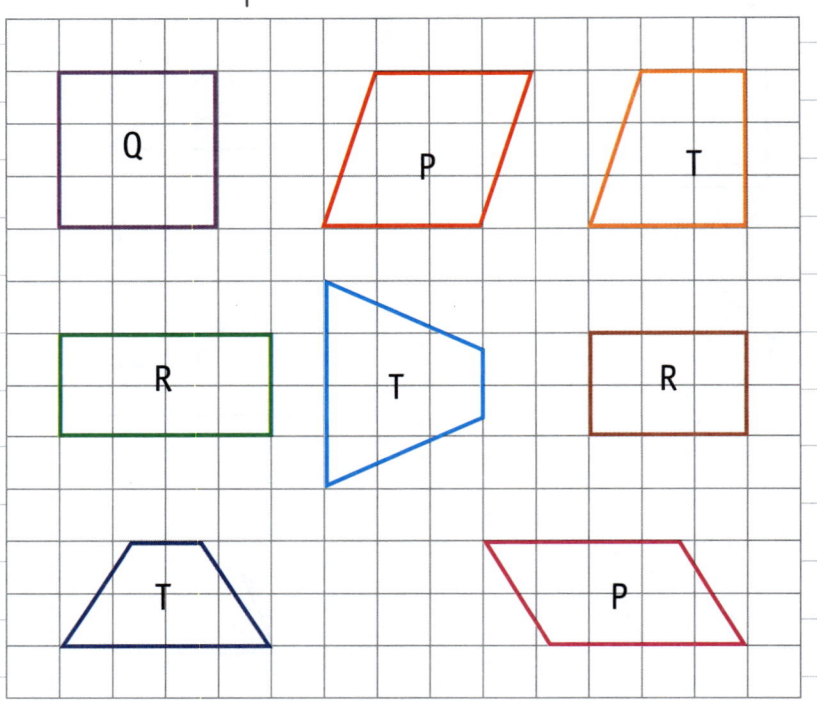

- Quadrado (Q): têm os 4 lados com mesma medida, e os 4 ângulos retos (90 graus).
- Retângulos (R): têm os 4 ângulos retos, e o par de lados paralelos tem a mesma medida.
- Paralelogramos (P): têm 2 pares de lados paralelos.
- Trapézios (T): têm apenas 1 par de lados paralelos.

42

5. Agora é sua vez. No quadriculado abaixo, desenhe 2 quadrados, 2 retângulos, 2 paralelogramos e 2 trapézios.

6. No quadro a seguir, pinte conforme a legenda:

🟡 Quadrado
🔵 Retângulo
🔴 Paralelogramo
🟢 Trapézio

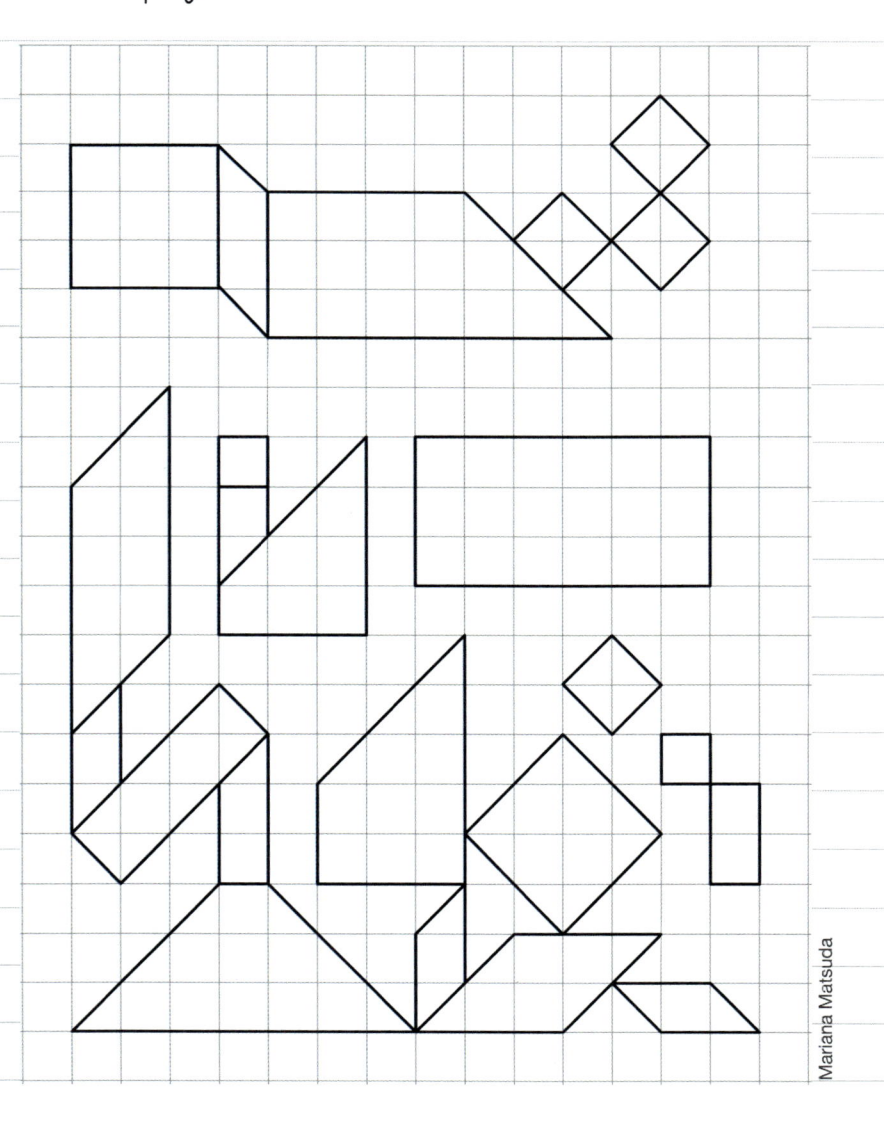

7. No quadro a seguir, escolha as cores e monte a legenda. Depois, pinte as figuras.

○ Quadrado
○ Retângulo
○ Paralelogramo
○ Trapézio

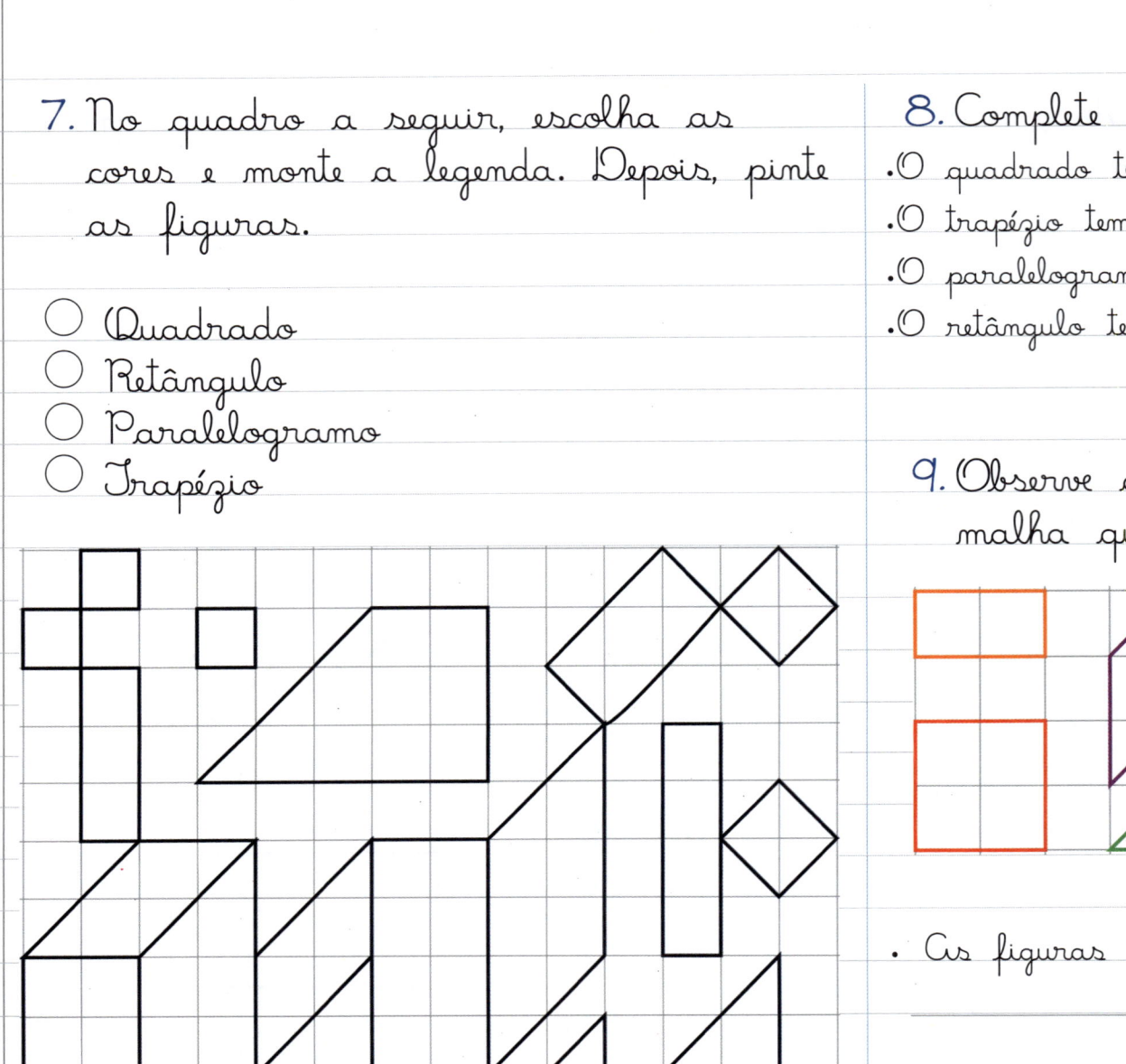

8. Complete as frases.
• O quadrado tem ___ lados com a mesma medida.
• O trapézio tem apenas 1 par de lados _____.
• O paralelogramo tem 2 pares de lados _____.
• O retângulo tem os 4 ângulos _____.

9. Observe as figuras desenhadas na malha quadriculada.

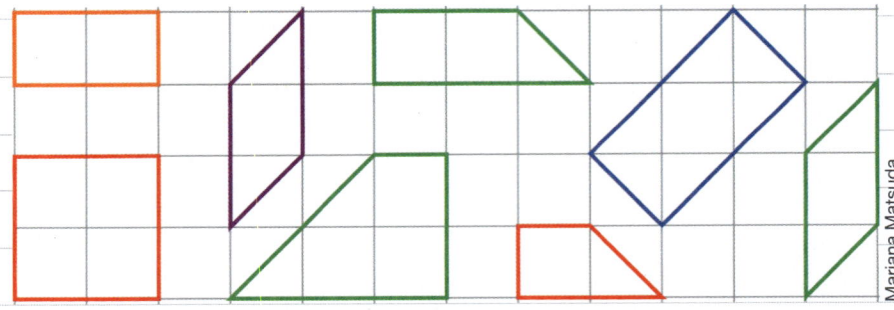

• As figuras 1 e 7 são _____ porque _____.

• A figura 2 é um _____ porque _____.

• As figuras 3 e 8 são _____ porque _____.

• As figuras 4 e 5 são _____ porque _____.

FIGURAS CONGRUENTES

Observe. As figuras A e B são congruentes porque os lados correspondentes, bem como os ângulos correspondentes, têm a mesma medida. E as duas figuras se sobrepõem exatamente.

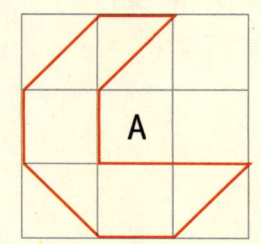

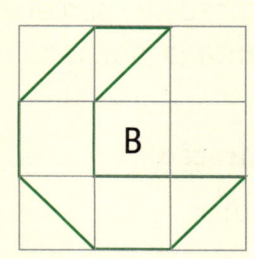

10. Nos quadriculados a seguir, desenhe figuras congruentes a A, B, C e D.

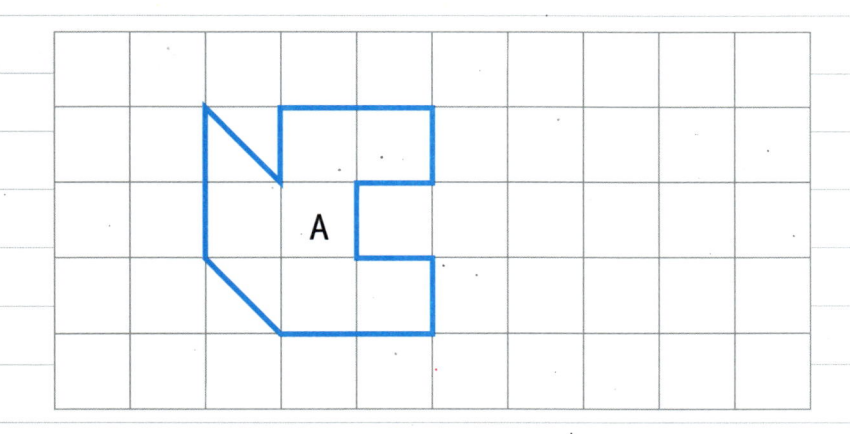

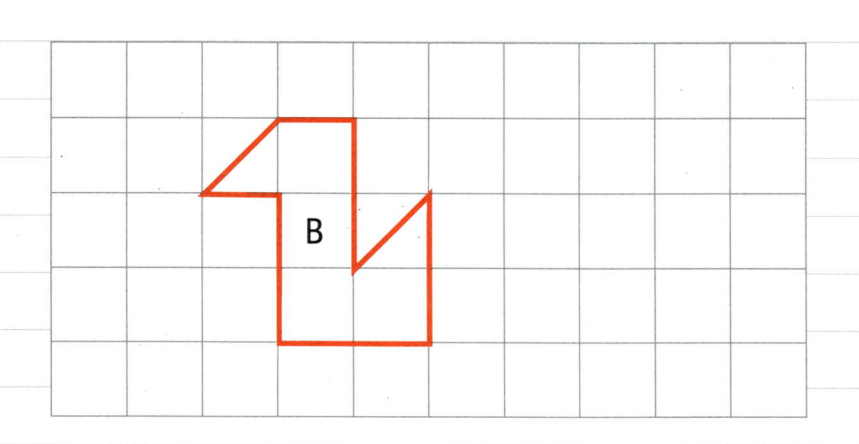

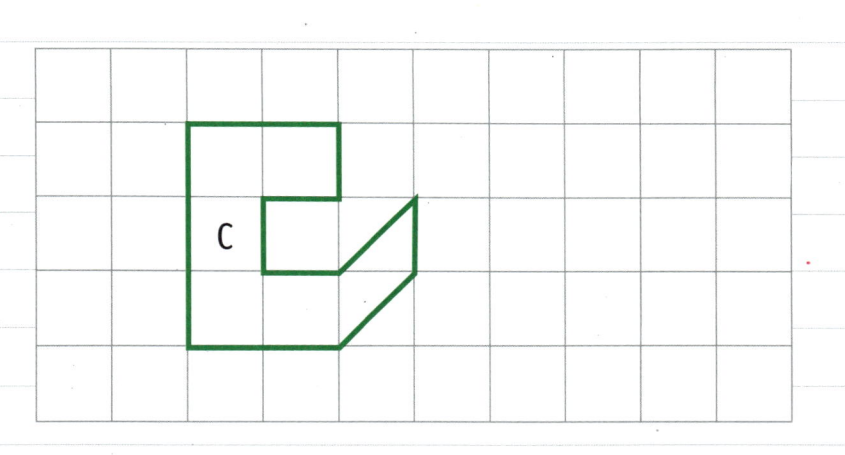

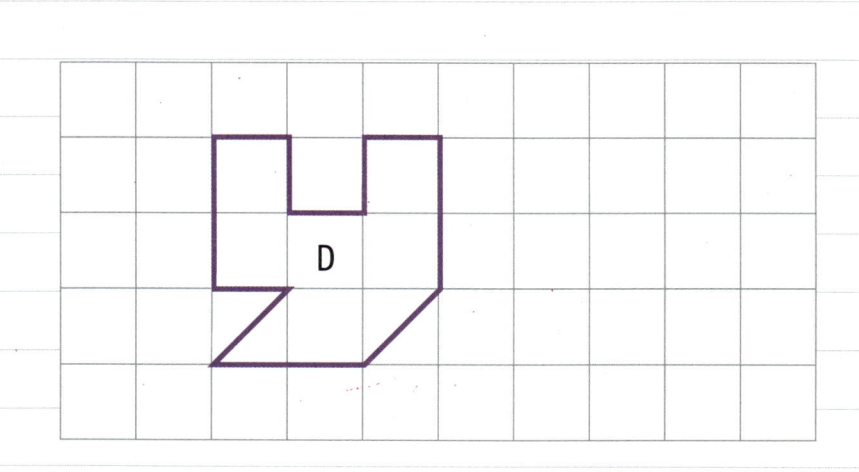

Bloco 8: Números

CONTEÚDO

MULTIPLICAÇÃO DE NÚMEROS NATURAIS
- Adição de parcelas iguais
- Dobro
- Triplo
- Quádruplo
- Quíntuplo
- Multiplicação por 6
- Multiplicação por 7
- Multiplicação por 8
- Multiplicação por 9
- Multiplicação por 10
- Multiplicação por 100
- Algoritmo da multiplicação
- Multiplicação com reserva
- Multiplicação com 2 algarismos no multiplicador
- Problemas

MULTIPLICAÇÃO DE NÚMEROS NATURAIS

Adição de parcelas iguais

Uma adição de parcelas iguais pode ser representada por uma multiplicação.

Multiplicação

Símbolo: x

Lê-se: vezes

$$\begin{array}{r} 40 \leftarrow \text{multiplicando} \\ \times\ 2 \leftarrow \text{multiplicador} \\ \hline 80 \leftarrow \text{produto} \end{array}$$

1. Complete as adições e as multiplicações.

a) 6 + 6 + 6 = ☐
ou 3 × ☐ = ☐

b) 5 + 5 + 5 + 5 = ☐
ou 4 × ☐ = ☐

c) 7 + 7 + 7 + 7 = ☐
ou ☐ × 7 = ☐

d) 4 + 4 + 4 + 4 + 4 = ☐
   ou 5 × ☐ = ☐

e) 5 + 5 + 5 + 5 + 5 + 5 = ☐
   ou 6 × ☐ = ☐

f) 7 + 7 + 7 + 7 + 7 = ☐
   ou 5 × ☐ = ☐

g) 2 + 2 + 2 + 2 + 2 + 2 + 2 + 2 = ☐
   ou 8 × ☐ = ☐

h) 3 + 3 + 3 + 3 + 3 + 3 + 3 + 3 = ☐
   ou ☐ × 3 = ☐

Dobro

> Para encontrar o dobro de um número, devemos multiplicá-lo por 2.

2. Calcule o dobro de:

   15 → ☐   66 → ☐

   50 → ☐   82 → ☐

3. Complete.

   2 × 0 =   0 × 2 =
   2 × 1 =   1 × 2 =
   2 × 2 =   2 × 2 =
   2 × 3 =   3 × 2 =
   2 × 4 =   4 × 2 =
   2 × 5 =   5 × 2 =
   2 × 6 =   6 × 2 =
   2 × 7 =   7 × 2 =
   2 × 8 =   8 × 2 =
   2 × 9 =   9 × 2 =
   2 × 10 =   10 × 2 =

4. Complete.

   132 é o dobro de ☐.

   240 é o dobro de ☐.

   350 é o dobro de ☐.

   ☐ é o dobro de 231.

   222 é o dobro de ☐.

Triplo

> Para encontrar o triplo de um número, devemos multiplicá-lo por 3.

5. Calcule o triplo de:

12 → ☐   142 → ☐
28 → ☐   206 → ☐
37 → ☐   155 → ☐
115 → ☐   40 → ☐

6. Complete.

45 é o triplo de ☐.

99 é o triplo de ☐.

☐ é o triplo de 36.

☐ é o triplo de 46.

81 é o triplo de ☐.

450 é o triplo de ☐.

7. Complete.

3 × 0 = 0   ↘ +3
3 × 1 = ☐   ↘ +3
3 × 2 = ☐   ↘ +3
3 × 3 = ☐   ↘ +3
3 × 4 = ☐   ↘ +3
3 × 5 = ☐   ↘ +3
3 × 6 = ☐   ↘ +3
3 × 7 = ☐   ↘ +3
3 × 8 = ☐   ↘ +3
3 × 9 = ☐   ↘ +3
3 × 10 = ☐

0 × 3 = 0   ↘ +3
1 × 3 = ☐   ↘ +3
2 × 3 = ☐   ↘ +3
3 × 3 = ☐   ↘ +3
4 × 3 = ☐   ↘ +3
5 × 3 = ☐   ↘ +3
6 × 3 = ☐   ↘ +3
7 × 3 = ☐   ↘ +3
8 × 3 = ☐   ↘ +3
9 × 3 = ☐   ↘ +3
10 × 3 = ☐

8. Ligue ao produto.

3 × 3	27
3 × 8	30
3 × 5	3
3 × 9	24
3 × 1	9
3 × 10	15

9. Ligue ao seu triplo.

15	27
9	66
11	150
22	45
50	33

Quádruplo

Para encontrar o quádruplo de um número, devemos multiplicá-lo por 4.

10. Calcule o quádruplo de:

16 → ☐   85 → ☐

22 → ☐   116 → ☐

104 → ☐   248 → ☐

208 → ☐   139 → ☐

11. Complete.

168 é o quádruplo de ☐.

☐ é o quádruplo de 36.

☐ é o quádruplo de 100.

☐ é o quádruplo de 51.

176 é o quádruplo de ☐.

12. Complete.

4 × 0 = 0) +4
4 × 1 = ☐) +4
4 × 2 = ☐) +4
4 × 3 = ☐) +4
4 × 4 = ☐) +4
4 × 5 = ☐) +4
4 × 6 = ☐) +4
4 × 7 = ☐) +4
4 × 8 = ☐) +4
4 × 9 = ☐) +4
4 × 10 = ☐

0 × 4 = 0) +4
1 × 4 = ☐) +4
2 × 4 = ☐) +4
3 × 4 = ☐) +4
4 × 4 = ☐) +4
5 × 4 = ☐) +4
6 × 4 = ☐) +4
7 × 4 = ☐) +4
8 × 4 = ☐) +4
9 × 4 = ☐) +4
10 × 4 = ☐

Quíntuplo

Para encontrar o quíntuplo de um número, devemos multiplicá-lo por 5.

13. Faça a correspondência.

5 × 3	20		5 × 7	45
5 × 2	30		5 × 5	40
5 × 6	15		5 × 9	25
5 × 4	10		5 × 8	35

14. Complete.

50 é o quíntuplo de ☐.

☐ é o quíntuplo de 25.

☐ é o quíntuplo de 12.

☐ é o quíntuplo de 100.

15. Complete.

5 × 0 = 0
5 × 1 = ☐   +5
5 × 2 = ☐   +5
5 × 3 = ☐   +5
5 × 4 = ☐   +5
5 × 5 = ☐   +5
5 × 6 = ☐   +5
5 × 7 = ☐   +5
5 × 8 = ☐   +5
5 × 9 = ☐   +5
5 × 10 = ☐

0 × 5 = 0
1 × 5 = ☐   +5
2 × 5 = ☐   +5
3 × 5 = ☐   +5
4 × 5 = ☐   +5
5 × 5 = ☐   +5
6 × 5 = ☐   +5
7 × 5 = ☐   +5
8 × 5 = ☐   +5
9 × 5 = ☐   +5
10 × 5 = ☐

Multiplicação por 6

16. Complete.

6 × 0 = 0
6 × 1 = ☐   +6
6 × 2 = ☐   +6
6 × 3 = ☐   +6
6 × 4 = ☐   +6
6 × 5 = ☐   +6
6 × 6 = ☐   +6
6 × 7 = ☐   +6
6 × 8 = ☐   +6
6 × 9 = ☐   +6
6 × 10 = ☐

0 × 6 = 0
1 × 6 = ☐   +6
2 × 6 = ☐   +6
3 × 6 = ☐   +6
4 × 6 = ☐   +6
5 × 6 = ☐   +6
6 × 6 = ☐   +6
7 × 6 = ☐   +6
8 × 6 = ☐   +6
9 × 6 = ☐   +6
10 × 6 = ☐

17. Escreva de 6 em 6 até 60.

6 → 12 → ☐ → ☐ → ☐

36 → ☐ → ☐ → ☐ → 60

18. Ligue ao resultado.

6 × 2		54
6 × 4		42
6 × 7		24
6 × 9		12
6 × 5		48
6 × 10		18
6 × 8		30
6 × 3		60

Multiplicação por 7

19. Complete.

7 × 0 = 0   ↘ +7
7 × 1 = ☐   ↘ +7
7 × 2 = ☐   ↘ +7
7 × 3 = ☐   ↘ +7
7 × 4 = ☐   ↘ +7
7 × 5 = ☐   ↘ +7
7 × 6 = ☐   ↘ +7
7 × 7 = ☐   ↘ +7
7 × 8 = ☐   ↘ +7
7 × 9 = ☐   ↘ +7
7 × 10 = ☐

0 × 7 = 0   ↘ +7
1 × 7 = ☐   ↘ +7
2 × 7 = ☐   ↘ +7
3 × 7 = ☐   ↘ +7
4 × 7 = ☐   ↘ +7
5 × 7 = ☐   ↘ +7
6 × 7 = ☐   ↘ +7
7 × 7 = ☐   ↘ +7
8 × 7 = ☐   ↘ +7
9 × 7 = ☐   ↘ +7
10 × 7 = ☐

Multiplicação por 8

20. Complete.

8 × 0 = 0	0 × 8 = 0
8 × 1 = ☐	1 × 8 = ☐
8 × 2 = ☐	2 × 8 = ☐
8 × 3 = ☐	3 × 8 = ☐
8 × 4 = ☐	4 × 8 = ☐
8 × 5 = ☐	5 × 8 = ☐
8 × 6 = ☐	6 × 8 = ☐
8 × 7 = ☐	7 × 8 = ☐
8 × 8 = ☐	8 × 8 = ☐
8 × 9 = ☐	9 × 8 = ☐
8 × 10 = ☐	10 × 8 = ☐

Multiplicação por 9

21. Complete.

9 × 0 = 0	0 × 9 = 0
9 × 1 = ☐	1 × 9 = ☐
9 × 2 = ☐	2 × 9 = ☐
9 × 3 = ☐	3 × 9 = ☐
9 × 4 = ☐	4 × 9 = ☐
9 × 5 = ☐	5 × 9 = ☐
9 × 6 = ☐	6 × 9 = ☐
9 × 7 = ☐	7 × 9 = ☐
9 × 8 = ☐	8 × 9 = ☐
9 × 9 = ☐	9 × 9 = ☐
9 × 10 = ☐	10 × 9 = ☐

22. Complete a série.

7 → 14 → ☐ → ☐ → ☐

42 → ☐ → ☐ → ☐ → 70

Multiplicação por 10

> Para multiplicar um número por 10, basta acrescentar um zero à sua direita.

23. Escreva de 8 em 8 até 80.

8 → 16 → ☐ → ☐ → ☐

48 → ☐ → ☐ → ☐ → 80

24. Escreva de 9 em 9 até 90.

9 → 18 → ☐ → ☐ → ☐

54 → ☐ → ☐ → ☐ → 90

25. Efetue as multiplicações.

4 × 10 =
7 × 10 =
6 × 10 =
2 × 10 =
1 × 10 =
9 × 10 =

15 × 10 =
26 × 10 =
82 × 10 =
45 × 10 =
77 × 10 =
92 × 10 =

100 × 10 =
150 × 10 =
201 × 10 =

Multiplicação por 100

> Para multiplicar um número por 100, basta acrescentar dois zeros à sua direita.

26. Efetue as multiplicações.

2 × 100 = 200   16 × 100 =
5 × 100 =   10 × 100 =
6 × 100 =   1 × 100 =
7 × 100 =   8 × 100 =
9 × 100 =   4 × 100 =
3 × 100 =   25 × 100 =

27. Resolva.

× 10	
8	
77	
82	
25	
64	
100	
136	
120	

× 100	
6	
9	
17	
38	
20	
54	
22	
31	

Algoritmo da multiplicação

28. Observe os exemplos e efetue as multiplicações.

C	D	U
	2	3
×		2
	4	6

$2 \times 3U = 6U$

$2 \times 2D = 4D$

$4D + 6U = 40 + 6 = 46$

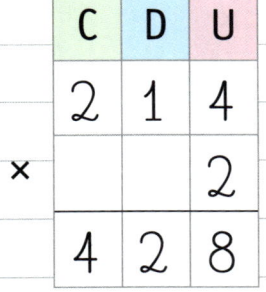

C	D	U
2	1	4
×		2
4	2	8

$2 \times 4U = 8U$

$2 \times 1D = 2D$

$2 \times 2C = 4C$

$4C + 2D + 8U = 400 + 20 + 8 = 428$

a)
C	D	U
	4	3
×		3

b)
C	D	U
	5	0
×		5

c)
C	D	U
1	2	2
×		3

d)
C	D	U
	6	2
×		4

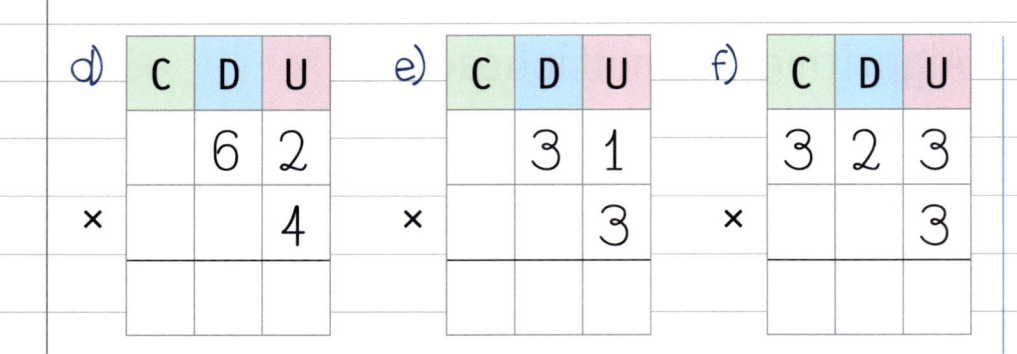

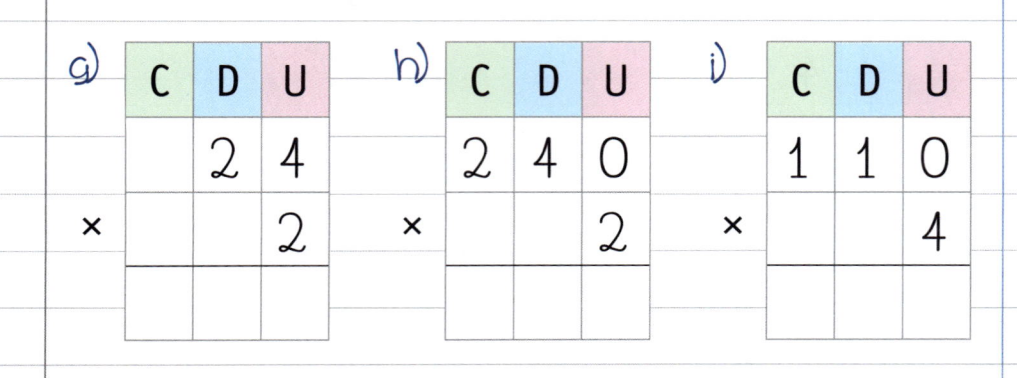

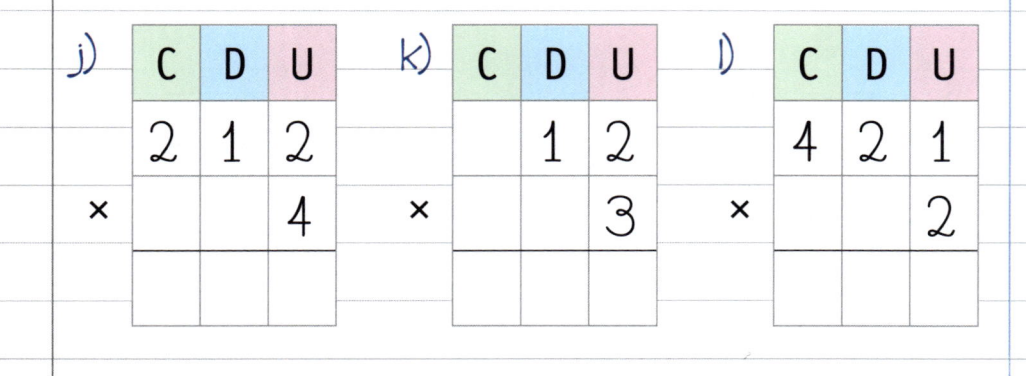

e)
C	D	U
	3	1
×		3

f)
C	D	U
3	2	3
×		3

g)
C	D	U
	2	4
×		2

h)
C	D	U
2	4	0
×		2

i)
C	D	U
1	1	0
×		4

j)
C	D	U
2	1	2
×		4

k)
C	D	U
	1	2
×		3

l)
C	D	U
4	2	1
×		2

Multiplicação com reserva

Observe o exemplo.

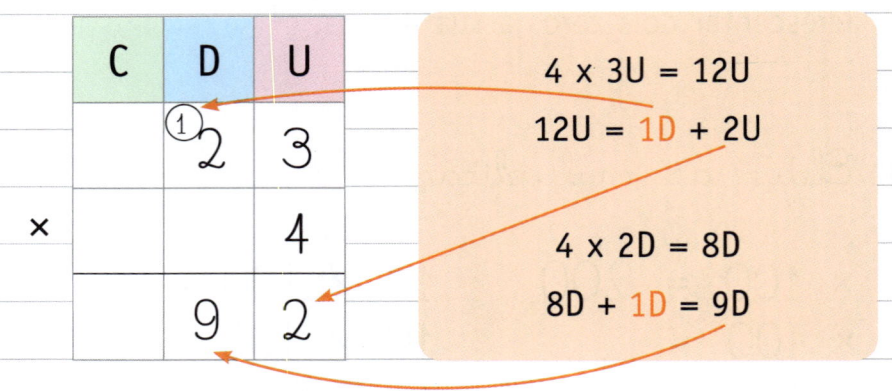

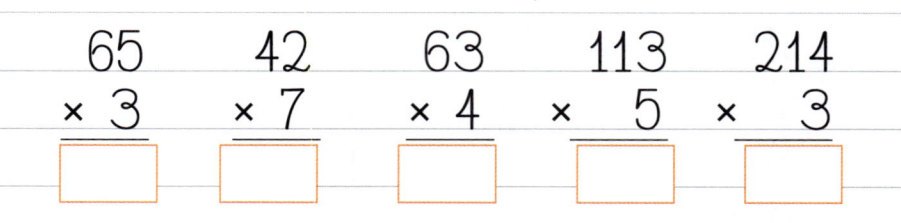

C	D	U
	①2	3
×		4
	9	2

4 × 3U = 12U
12U = 1D + 2U
4 × 2D = 8D
8D + 1D = 9D

29. Agora efetue as multiplicações.

```
  32      73      83     426     223
×  6    ×  6    ×  6    ×  2    ×  4
```

```
  65      42      63     113     214
×  3    ×  7    ×  4    ×  5    ×  3
```

```
 328     226      78     103     102
×  2    ×  3    ×  2    ×  5    ×  9
```

30. Continue efetuando as multiplicações.

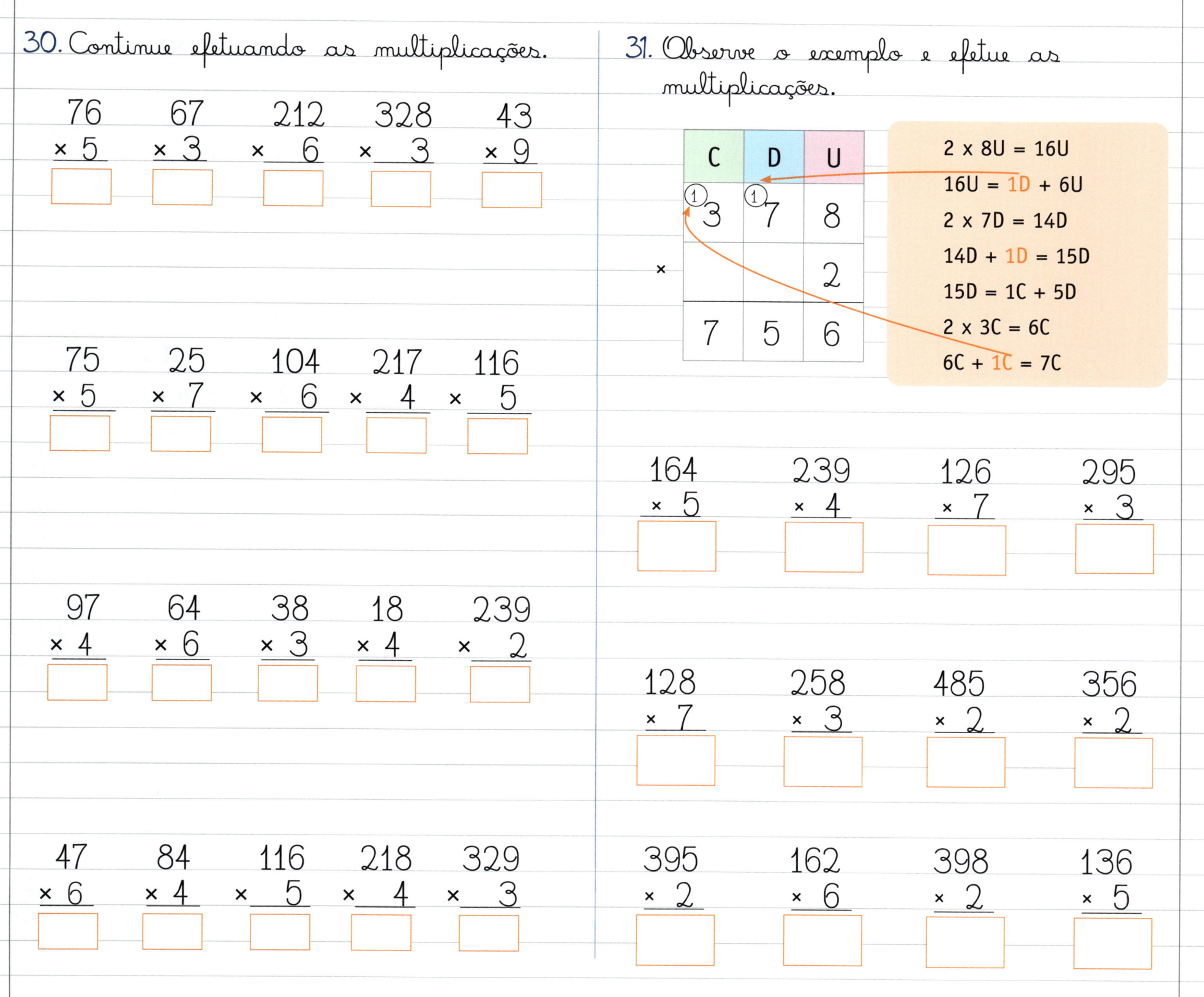

76	67	212	328	43
× 5	× 3	× 6	× 3	× 9

75	25	104	217	116
× 5	× 7	× 6	× 4	× 5

97	64	38	18	239
× 4	× 6	× 3	× 4	× 2

47	84	116	218	329
× 6	× 4	× 5	× 4	× 3

31. Observe o exemplo e efetue as multiplicações.

C	D	U
①3	①7	8
		× 2
7	5	6

2 × 8U = 16U
16U = 1D + 6U
2 × 7D = 14D
14D + 1D = 15D
15D = 1C + 5D
2 × 3C = 6C
6C + 1C = 7C

164	239	126	295
× 5	× 4	× 7	× 3

128	258	485	356
× 7	× 3	× 2	× 2

395	162	398	136
× 2	× 6	× 2	× 5

32. Arme e efetue as multiplicações.

a) 375 × 4 = ☐   b) 268 × 6 = ☐

c) 152 × 9 = ☐   d) 135 × 5 = ☐

e) 240 × 4 = ☐   f) 437 × 2 = ☐

g) 150 × 5 = ☐   h) 108 × 8 = ☐

Multiplicação com 2 algarismos no multiplicador

33. Observe o exemplo e efetue as multiplicações.

$$\begin{array}{r} 3\ 5 \\ \times\ 2\ 3 \\ \hline 1\ 0\ 5 \\ +\ 7\ 0\ 0 \\ \hline 8\ 0\ 5 \end{array}$$

← 3 × 35 = 105
← 20 × 35 = 700

a) $\begin{array}{r} 2\ 6 \\ \times\ 1\ 2 \\ \hline \end{array}$ b) $\begin{array}{r} 5\ 7 \\ \times\ 1\ 8 \\ \hline \end{array}$

c) $\begin{array}{r} 2\ 4 \\ \times\ 3\ 8 \\ \hline \end{array}$ d) $\begin{array}{r} 3\ 4 \\ \times\ 2\ 3 \\ \hline \end{array}$

34. Arme, resolva e complete.

a) 42 × 23 = ☐   b) 60 × 15 = ☐   g) 36 × 25 = ☐   h) 62 × 19 = ☐

c) 34 × 24 = ☐   d) 22 × 22 = ☐   i) 55 × 26 = ☐   j) 30 × 14 = ☐

e) 58 × 17 = ☐   f) 44 × 13 = ☐   k) 21 × 21 = ☐   l) 63 × 15 = ☐

Observe essas bolinhas dispostas em forma de retângulo.

Essa quantidade pode ser representada com uma multiplicação.

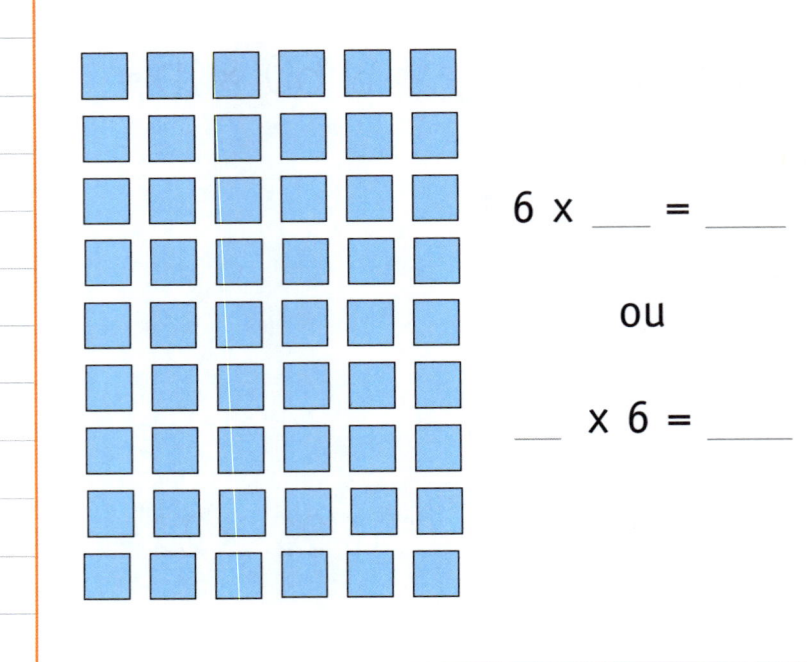

3 x 4 = 12 ou 4 x 3 = 12

6 x ___ = ___

ou

___ x 6 = ___

35. Complete.

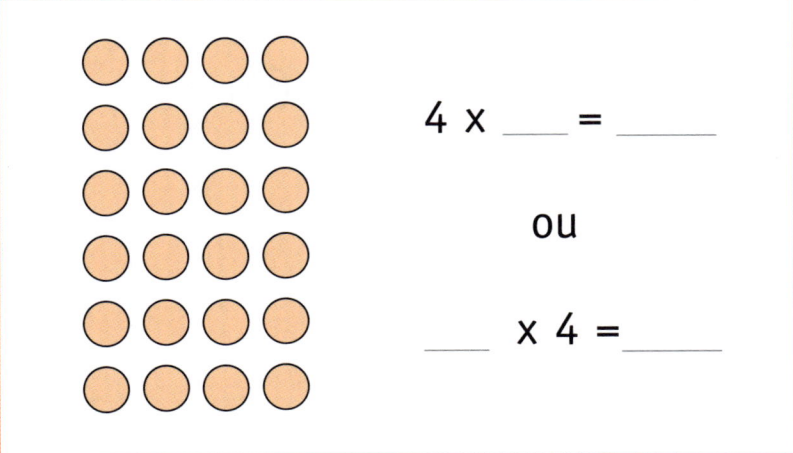

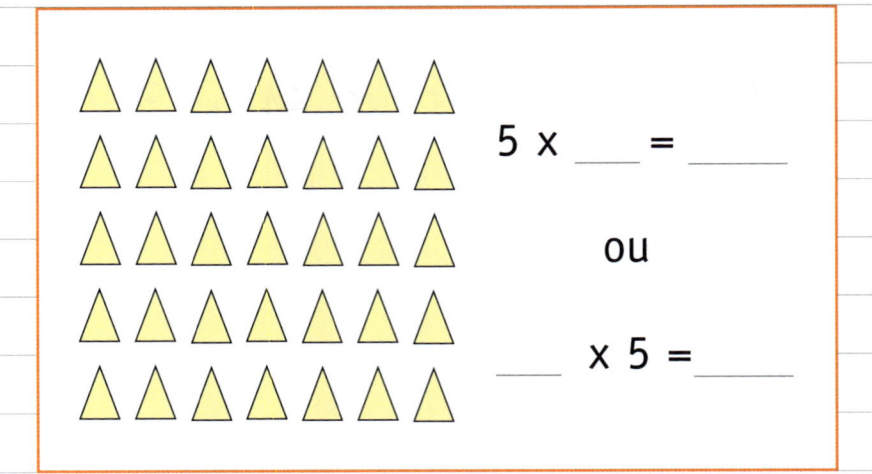

4 x ___ = ___

ou

___ x 4 = ___

5 x ___ = ___

ou

___ x 5 = ___

Problemas

36. Uma costureira gasta 58 metros de fita numa fantasia. Quanto ela gastará para fazer 5 fantasias iguais a essa?

Cálculo   Resposta

37. Um feirante quer separar seus abacates em 8 caixas. Em cada caixa vai colocar 36 abacates. Quantos abacates tem o feirante?

Cálculo   Resposta

38. Mamãe distribuiu 4 lanches a cada uma das 123 crianças de uma comunidade. Quantos lanches mamãe distribuiu ao todo?

Cálculo   Resposta

39. Em meu aniversário, mamãe fez 50 doces e vovó fez o triplo. Quantos doces as duas fizeram juntas?

Cálculo   Resposta

40. Um número é 28 e o outro é o seu quádruplo. Qual é o outro número?

Cálculo   Resposta

41. Augusto tem 3 anos. Bernardo tem o quíntuplo da idade de Augusto. Quantos anos Bernardo tem?

Cálculo　　Resposta

42. Num teatro há 5 fileiras com 25 cadeiras em cada fileira. Quantas cadeiras há ao todo?

Cálculo　　Resposta

43. Papai comprou 5 caixas contendo 12 ovos cada uma. Quebraram-se 13 ovos. Quantos ovos restaram?

Cálculo　　Resposta

44. Uma sorveteria comprou 30 caixas contendo 12 picolés cada uma. Quantos picolés já foram vendidos se só restam 15 picolés?

Cálculo　　Resposta

45. Na minha sala de aula tem 5 fileiras de 6 carteiras. Quantas carteiras há na sala?

Cálculo　　Resposta

Bloco 9: Pensamento algébrico

CONTEÚDO
- SEQUÊNCIAS NUMÉRICAS
- IDEIA DE IGUALDADE
- SENTENÇAS MATEMÁTICAS

SEQUÊNCIAS NUMÉRICAS

- Sequência dos números naturais
  0, 1, 2, 3, 4, 5, 6, 7, ...

- Sequência dos números pares
  2, 4, 6, 8, 10, 12, 14, ...

- Sequência dos números ímpares
  1, 3, 5, 7, 9, 11, 13, ...

A sequência dos números naturais já é bem conhecida por nós. Ela se chama recursiva porque qualquer termo da sequência é formada pelo termo anterior, "mais 1". Essa é a regra de formação dessa sequência.

1. Veja esta sequência formada por números ímpares:

   1, 3, 5, 7, 9, 11, 13.

   a) Qual é o 1º termo? _____

   b) Qual é a regra de formação?

   c) Quantos termos tem essa sequência?

2. Escreva uma sequência que obedeça às seguintes regras:
   - O 1º termo é 2.
   - Regra de formação: somar 3.
   - Sequência com 7 termos.

3. Escreva uma sequência que obedeça às seguintes regras:
   - O 1º termo é 50.
   - Regra de formação: subtrair 5.
   - Sequência com 6 termos.

Agora, responda:

a) Qual é o 3º termo dessa sequência?

b) Essa sequência é crescente ou decrescente?

4. Complete as sequências com os elementos que faltam.

a) | 7 | 17 | 27 | | | 57 |

b) | 100 | 90 | 80 | | | |

c) | 52 | 42 | | | | 2 |

5. Complete cada sequência, identificando o segredo de sua formação.

a) | 500 | | 520 | 530 | 540 | | |

Segredo: _____

b) | 303 | 306 | | 312 | 315 | | |

Segredo: _____

c) | 850 | | | 700 | | | 550 |

Segredo: _____

d) | 240 | 220 | 200 | | | 140 | 120 |

Segredo: _____

IDEIA DE IGUALDADE

Diferentes adições ou subtrações podem ter o mesmo resultado. Exemplos:
- 18 − 8 = 10
- 100 − 90 = 10
- 5 + 5 = 10
- 8 + 2 = 10

6. Escreva três adições com resultado:

a) 20:

b) 30:

c) 50:

d) 70:

7. Escreva três subtrações com resultado:

a) 15:

b) 40:

c) 60:

d) 100:

SENTENÇAS MATEMÁTICAS

Linguagem natural é a que usamos no dia a dia.

Exemplos:
- Comprei cinco sorvetes.
- Dois mais dois são quatro.

Sentença matemática é uma sentença em que aparecem números e símbolos matemáticos.

Exemplos:
- 2 + 2 = 4
- 5 + 3 > 4 + 1

8. Assinale a sentença matemática verdadeira:

a)   40 + 10 = 60
b)   50 + 0 = 60
c)   20 + 40 = 60
d)   50 + 20 = 60

9. Assinale a sentença verdadeira:

a)   3 = 6 − 2
b)   11 = 10 + 1
c)   4 = 2 + 3
d)   12 = 15 − 4

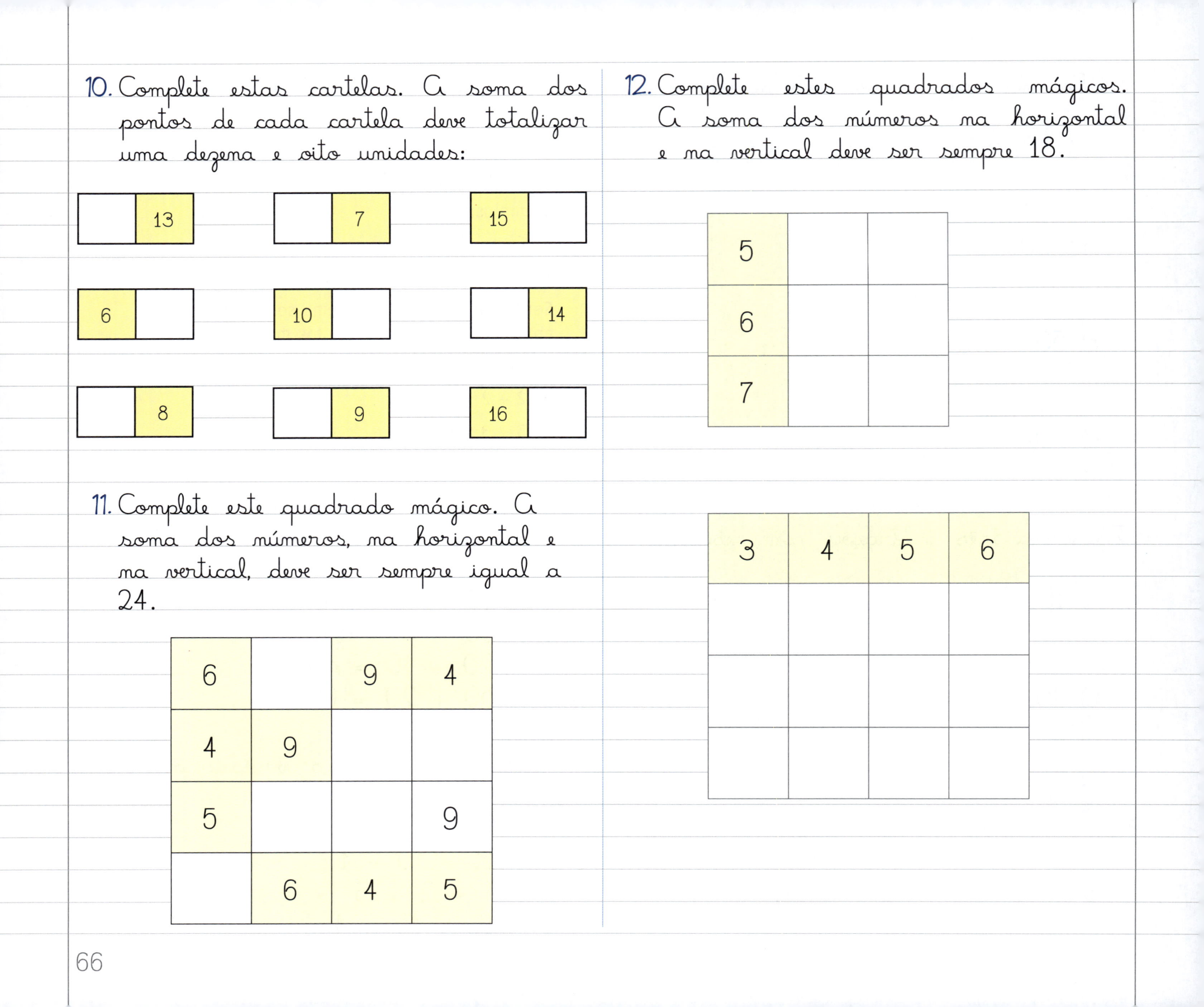

10. Complete estas cartelas. A soma dos pontos de cada cartela deve totalizar uma dezena e oito unidades:

| | 13 |

| | 7 |

| 15 | |

| 6 | |

| 10 | |

| | 14 |

| | 8 |

| | 9 |

| 16 | |

11. Complete este quadrado mágico. A soma dos números, na horizontal e na vertical, deve ser sempre igual a 24.

6		9	4
4	9		
5			9
	6	4	5

12. Complete estes quadrados mágicos. A soma dos números na horizontal e na vertical deve ser sempre 18.

5		
6		
7		

3	4	5	6

Bloco 10: Grandezas e medidas

CONTEÚDO

NOSSO DINHEIRO
- Cédulas e moedas
- Mais caro, mais barato
- Problemas

NOSSO DINHEIRO

O nosso dinheiro é o real.
O símbolo do real é R$.
1 real equivale a 100 centavos.

Cédulas e moedas

Estas são as moedas do real.

1 real	50 centavos	25 centavos	10 centavos	5 centavos
R$ 1,00	R$ 0,50	R$ 0,25	R$ 0,10	R$ 0,05

Estas são as cédulas do real.

2 reais	5 reais
R$ 2,00	R$ 5,00
10 reais	20 reais
R$ 10,00	R$ 20,00
50 reais	100 reais
R$ 50,00	R$ 100,00

200 reais
R$ 200,00

1. Represente e escreva as quantias.

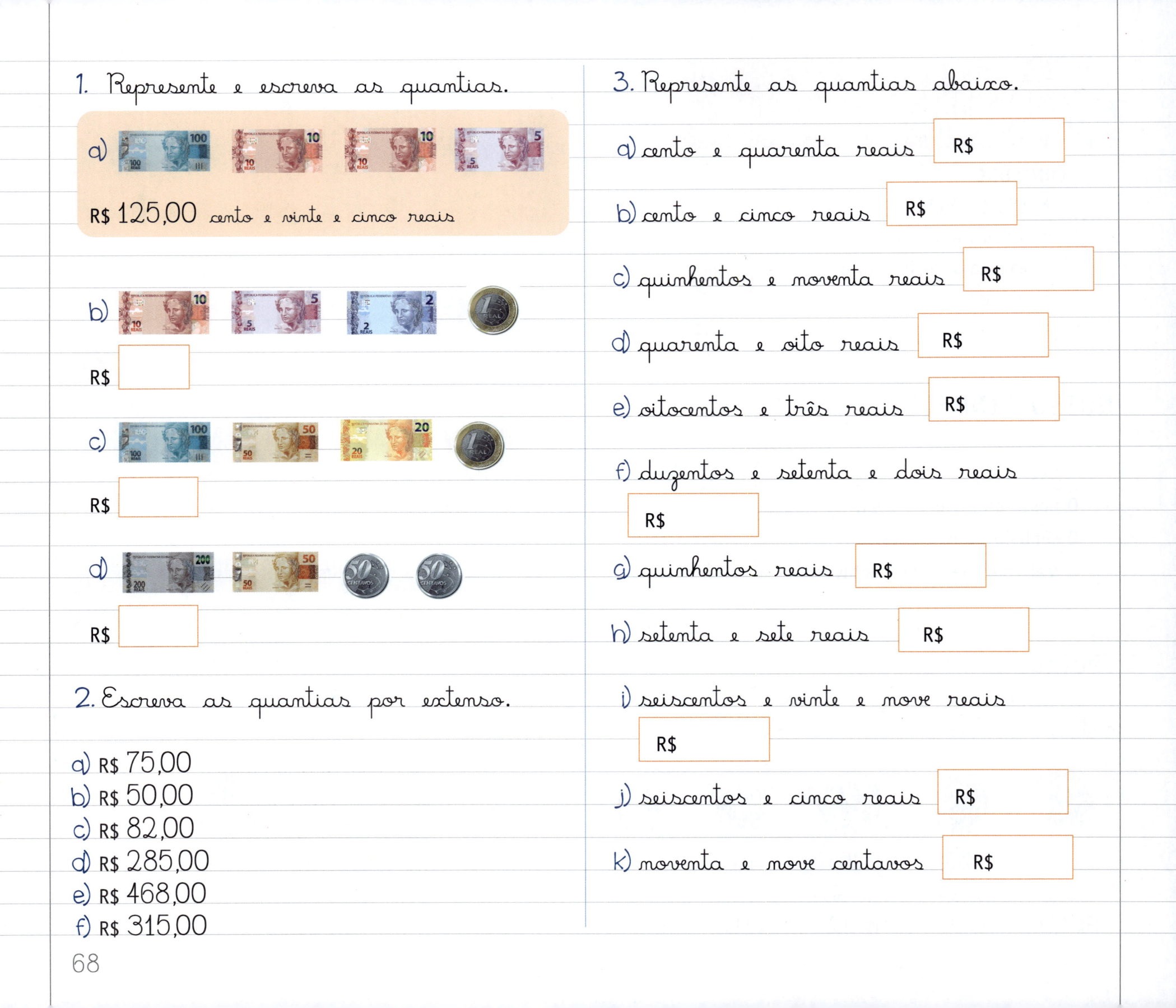

a) R$ 125,00 cento e vinte e cinco reais

b) R$ _____

c) R$ _____

d) R$ _____

2. Escreva as quantias por extenso.

a) R$ 75,00
b) R$ 50,00
c) R$ 82,00
d) R$ 285,00
e) R$ 468,00
f) R$ 315,00

3. Represente as quantias abaixo.

a) cento e quarenta reais R$ _____

b) cento e cinco reais R$ _____

c) quinhentos e noventa reais R$ _____

d) quarenta e oito reais R$ _____

e) oitocentos e três reais R$ _____

f) duzentos e setenta e dois reais R$ _____

g) quinhentos reais R$ _____

h) setenta e sete reais R$ _____

i) seiscentos e vinte e nove reais R$ _____

j) seiscentos e cinco reais R$ _____

k) noventa e nove centavos R$ _____

4. Qual é a quantia total?

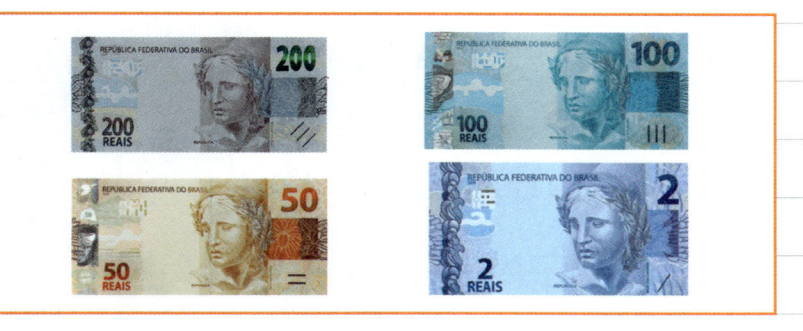

R$ 271,00	R$ 203,00
R$ 123,00	R$ 153,00
R$ 352,00	R$ 222,00

Mais caro, mais barato

5. Observe os preços e responda.

- A: R$ 41,00 (tênis)
- B: R$ 28,00 (camiseta)
- C: R$ 37,00 (bermuda)
- D: R$ 18,00 (boné)

a) Assinale qual é o mais caro.

Ⓐ ou Ⓓ
- Quanto a mais? R$ ____

Ⓑ ou Ⓒ
- Quanto a mais? R$ ____

Ⓑ ou Ⓓ
- Quanto a mais? R$ ____

Ⓒ ou Ⓓ
- Quanto a mais? R$ ____

b) Quanto custa?

Ⓐ + Ⓑ ⇨ R$ ____

Ⓐ + Ⓒ ⇨ R$ ____

Ⓒ + Ⓓ ⇨ R$ ____

Ⓑ + Ⓓ ⇨ R$ ____

c) Assinale qual é o mais barato.

Ⓒ + Ⓓ ou Ⓑ + Ⓓ
- Quanto a menos? R$ ____

Ⓐ + Ⓑ ou Ⓐ + Ⓒ
- Quanto a menos? R$ ____

Problemas

6. Anita tinha R$ 500,00. Ganhou R$ 280,00 de seu pai. Com quanto ficou?

   Cálculo   Resposta

7. Marcos tinha R$ 650,00. Gastou R$ 280,00. Quanto lhe sobrou?

   Cálculo   Resposta

8. Mamãe quer comprar uma mercadoria que custa R$ 300,00, mas só tem R$ 270,00. Quanto ainda lhe falta?

   Cálculo   Resposta

9. Carla tem 3 porta-moedas. Em cada um ela guardou R$ 50,00. Quantos reais Carla tem ao todo?

   Cálculo   Resposta

10. Mamãe deu duas cédulas de R$ 100,00 para pagar uma conta de R$ 170,00. Quanto recebeu de troco?

    Cálculo   Resposta

11. Luciana e Andreia juntaram as quantias que tinham e compraram 2 sorvetes. Luciana tinha R$ 10,00 e Andreia, R$ 6,00. Quanto custou cada sorvete?

    Cálculo   Resposta

Bloco 11: Números

CONTEÚDO

DIVISÃO DE NÚMEROS NATURAIS
- Algoritmo da divisão
- Verificação da divisão
- Problemas

DIVISÃO DE NÚMEROS NATURAIS

Para repartir uma quantidade em partes iguais, fazemos uma divisão.

Divisão
Símbolo: ÷
Lê-se: dividido por.

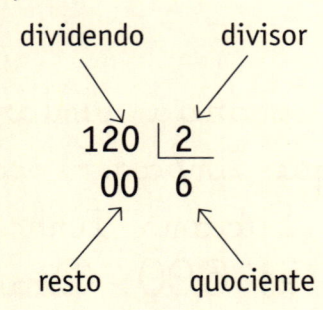

```
      dividendo   divisor
           ↓       ↓
          120 | 2
           00   6
           ↑    ↑
         resto  quociente
```

1. Ligue corretamente.

60 ÷ 60 =	1
18 ÷ 2 =	5
24 ÷ 3 =	9
35 ÷ 5 =	8
28 ÷ 7 =	6
25 ÷ 5 =	4
36 ÷ 6 =	7

2. Observe a operação e responda.

```
29 | 3
 2   9
```

a) Qual é o dividendo? ☐

b) Qual é o divisor? ☐

c) Qual é o quociente? ☐

d) Qual é o resto? ☐

3. Efetue as seguintes divisões.

7	2	15	2	16	3

| 11 |4 | 43 |5 | 28 |7 |

| 18 |4 | 26 |6 | 40 |8 |

| 17 |4 | 20 |5 | 18 |6 |

| 9 |2 | 37 |6 | 19 |2 |

| 11 |2 | 27 |3 | 28 |4 |

4. Arme, efetue as divisões e complete.

a) 21 ÷ 3 = ☐   f) 15 ÷ 3 = ☐

b) 36 ÷ 6 = ☐   g) 10 ÷ 2 = ☐

c) 24 ÷ 4 = ☐   h) 9 ÷ 3 = ☐

d) 49 ÷ 7 = ☐   i) 32 ÷ 8 = ☐

e) 45 ÷ 5 = ☐   j) 18 ÷ 2 = ☐

5. Complete.

2 × 5 = 10
- 10 ÷ 2 = ☐
- 10 ÷ 5 = ☐

8 × 3 = 24
- 24 ÷ 8 = ☐
- 24 ÷ 3 = ☐

2 × 7 = 14
- 14 ÷ 2 = ☐
- 14 ÷ 7 = ☐

6 × 5 = 30
- 30 ÷ 6 = ☐
- 30 ÷ 5 = ☐

6 × 2 = 12
- 12 ÷ 6 = ☐
- 12 ÷ 2 = ☐

2 × 8 = 16
- 16 ÷ 2 = ☐
- 16 ÷ 8 = ☐

6. Complete a tabuada da divisão.

1 ÷ 1 =	2 ÷ 2 =	3 ÷ 3 =	4 ÷ 4 =
2 ÷ 1 =	4 ÷ 2 =	6 ÷ 3 =	8 ÷ 4 =
3 ÷ 1 =	6 ÷ 2 =	9 ÷ 3 =	12 ÷ 4 =
4 ÷ 1 =	8 ÷ 2 =	12 ÷ 3 =	16 ÷ 4 =
5 ÷ 1 =	10 ÷ 2 =	15 ÷ 3 =	20 ÷ 4 =
6 ÷ 1 =	12 ÷ 2 =	18 ÷ 3 =	24 ÷ 4 =
7 ÷ 1 =	14 ÷ 2 =	21 ÷ 3 =	28 ÷ 4 =
8 ÷ 1 =	16 ÷ 2 =	24 ÷ 3 =	32 ÷ 4 =
9 ÷ 1 =	18 ÷ 2 =	27 ÷ 3 =	36 ÷ 4 =
10 ÷ 1 =	20 ÷ 2 =	30 ÷ 3 =	40 ÷ 4 =

5 ÷ 5 =	6 ÷ 6 =	7 ÷ 7 =
10 ÷ 5 =	12 ÷ 6 =	14 ÷ 7 =
15 ÷ 5 =	18 ÷ 6 =	21 ÷ 7 =
20 ÷ 5 =	24 ÷ 6 =	28 ÷ 7 =
25 ÷ 5 =	30 ÷ 6 =	35 ÷ 7 =
30 ÷ 5 =	36 ÷ 6 =	42 ÷ 7 =
35 ÷ 5 =	42 ÷ 6 =	49 ÷ 7 =
40 ÷ 5 =	48 ÷ 6 =	56 ÷ 7 =
45 ÷ 5 =	54 ÷ 6 =	63 ÷ 7 =
50 ÷ 5 =	60 ÷ 6 =	70 ÷ 7 =

8 ÷ 8 =   9 ÷ 9 =   10 ÷ 10 =
16 ÷ 8 =   18 ÷ 9 =   20 ÷ 10 =
24 ÷ 8 =   27 ÷ 9 =   30 ÷ 10 =
32 ÷ 8 =   36 ÷ 9 =   40 ÷ 10 =
40 ÷ 8 =   45 ÷ 9 =   50 ÷ 10 =
48 ÷ 8 =   54 ÷ 9 =   60 ÷ 10 =
56 ÷ 8 =   63 ÷ 9 =   70 ÷ 10 =
64 ÷ 8 =   72 ÷ 9 =   80 ÷ 10 =
72 ÷ 8 =   81 ÷ 9 =   90 ÷ 10 =
80 ÷ 8 =   90 ÷ 9 =   100 ÷ 10 =

75 ÷ 3 = ☐
Resto = ___

46 ÷ 4 = ☐
Resto = ___

77 ÷ 7 = ☐
Resto = ___

72 ÷ 6 = ☐
Resto = ___

Algoritmo da divisão

7. Observe o exemplo, arme e efetue as divisões.

```
 4 9 | 2        ou      4 9 | 2
-4   | 24               0 8 | 24
 ---                      1
 0 9
-  8
 ---
   1
```

84 ÷ 3 = ☐
Resto = ___

97 ÷ 5 = ☐
Resto = ___

68 ÷ 4 = ☐
Resto = ___

63 ÷ 3 = ☐
Resto = ___

81 ÷ 7 = ☐
Resto = ___

63 ÷ 5 = ☐
Resto = ___

82 ÷ 3 = ☐
Resto = ___

85 ÷ 4 = ☐
Resto = ___

76 ÷ 2 = ☐
Resto = ___

93 ÷ 3 = ☐
Resto = ___

Verificação da divisão

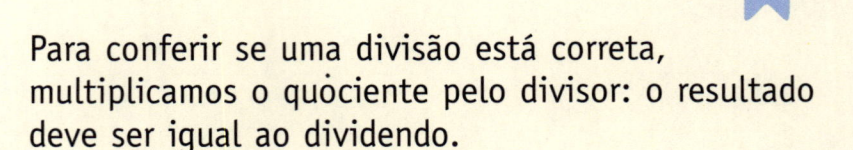

Para conferir se uma divisão está correta, multiplicamos o quociente pelo divisor: o resultado deve ser igual ao dividendo.

Na divisão com resto, multiplicamos o quociente pelo divisor e adicionamos o resto ao produto. O resultado deve ser o dividendo.

8. Observe o exemplo. Efetue as divisões e verifique se estão corretas.

$$96 \div 4 = 24 \quad Resto = 2$$

```
  9 8 | 4          24         96
 -8     24        ×  4       +  2
 ─────             ────        ────
  1 8               96          98
 -1 6
 ─────
  0 2
```

76

a) 96 ÷ 3 = ☐   b) 15 ÷ 5 = ☐

c) 48 ÷ 2 = ☐   d) 84 ÷ 4 = ☐

e) 63 ÷ 3 = ☐   f) 33 ÷ 3 = ☐

g) 82 ÷ 3 = ☐   h) 56 ÷ 5 = ☐

9. Arme e efetue estas divisões.

a) 126 ÷ 3 = ☐
 Resto = ___

b) 276 ÷ 4 = ☐
 Resto = ___

c) 783 ÷ 9 = ☐
 Resto = ___

d) 627 ÷ 7 = ☐
 Resto = ___

e) 176 ÷ 8 = ☐
 Resto = ___

f) 347 ÷ 4 = ☐
 Resto = ___

g) 246 ÷ 3 = ☐
 Resto = ___

h) 458 ÷ 8 = ☐
 Resto = ___

i) 581 ÷ 6 = ☐
Resto = ___

j) 388 ÷ 4 = ☐
Resto = ___

k) 416 ÷ 5 = ☐
Resto = ___

l) 364 ÷ 4 = ☐
Resto = ___

m) 264 ÷ 4 = ☐
Resto = ___

n) 637 ÷ 7 = ☐
Resto = ___

o) 210 ÷ 5 = ☐
Resto = ___

p) 324 ÷ 5 = ☐
Resto = ___

10. Observe o exemplo, arme e efetue as operações.

$$315 ÷ 3 = 105$$

```
315 | 3
015   105
  0
```

a) 408 ÷ 4 = ☐

b) 612 ÷ 6 = ☐

c) 309 ÷ 3 = ☐

d) 604 ÷ 2 = ☐

e) 525 ÷ 5 = ☐

f) 420 ÷ 4 = ☐

Problemas

11. Quantos bombons poderei distribuir igualmente em 5 caixas se tenho 95 bombons?

    Cálculo			Resposta

12. Um padeiro repartiu igualmente 81 pães entre nove fregueses. Quantos pães recebeu cada freguês?

    Cálculo			Resposta

13. Em 6 caixas há 54 latas de óleo. Em 8 caixas iguais a essas, quantas latas de óleo caberão?

    Cálculo			Resposta

14. Pepeu tem 28 soldadinhos e quer fazer 2 fileiras com a mesma quantidade de soldadinhos em cada uma. Quantos soldadinhos haverá em cada fileira?

    Cálculo			Resposta

15. Uma floricultura recebeu 5 dúzias de maços de flores. Irá expô-los na vitrine colocando 6 maços de flores em cada vaso. Quantos vasos irá usar?

    Cálculo			Resposta

16. Vovó colheu 48 rosas. Resolveu arrumá-las em 6 vasos, colocando em cada um o mesmo número de rosas. Quantas rosas colocou em cada vaso?

    Cálculo			Resposta

Bloco 12: Números

CONTEÚDO

FRAÇÕES
- Metade, terça parte, quarta parte
- Outras frações

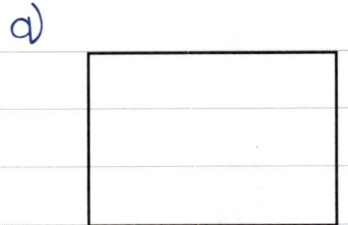

FRAÇÕES

Metade, terça parte, quarta parte

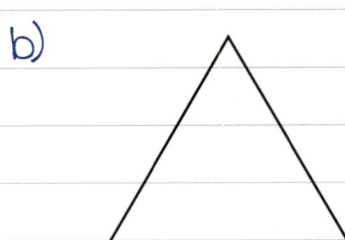

- Para encontrar a metade ou o meio, dividimos o inteiro por 2.
- Para encontrar a terça parte ou um terço, dividimos o inteiro por 3.
- Para encontrar a quarta parte ou um quarto, dividimos o inteiro por 4.

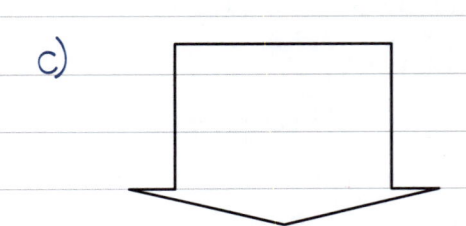

$\frac{1}{2}$ Um meio ou metade.

$\frac{1}{3}$ Um terço ou terça parte.

$\frac{1}{4}$ Um quarto ou quarta parte.

1. Pinte a metade de cada figura.

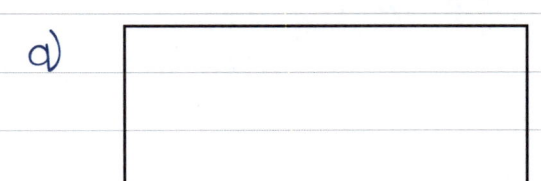

a)

b)

c)

2. Pinte um terço de cada figura.

a)

b)

c)

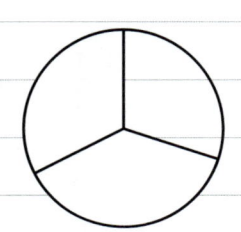

3. Pinte a quarta parte de cada figura.

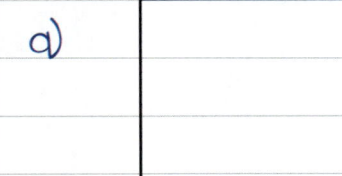

a)

b)

c)

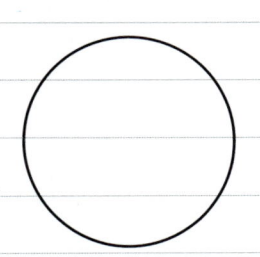

4. Circule:

a) a terça parte de 12 bolas
   12 ÷ 3 = ☐

b) a terça parte de 9 balas
   9 ÷ 3 = ☐

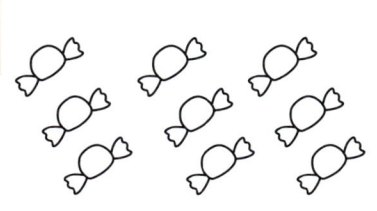

c) a terça parte de 3 balões
   3 ÷ 3 = ☐

d) a terça parte de 6 tartarugas
   6 ÷ 3 = ☐

e) a terça parte de 15 estrelas
   15 ÷ 3 = ☐

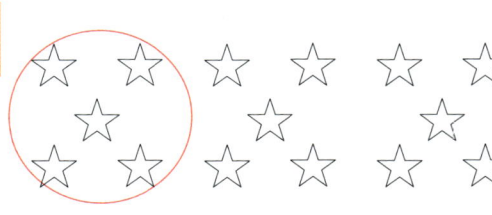

5. Pinte um quarto de cada figura.

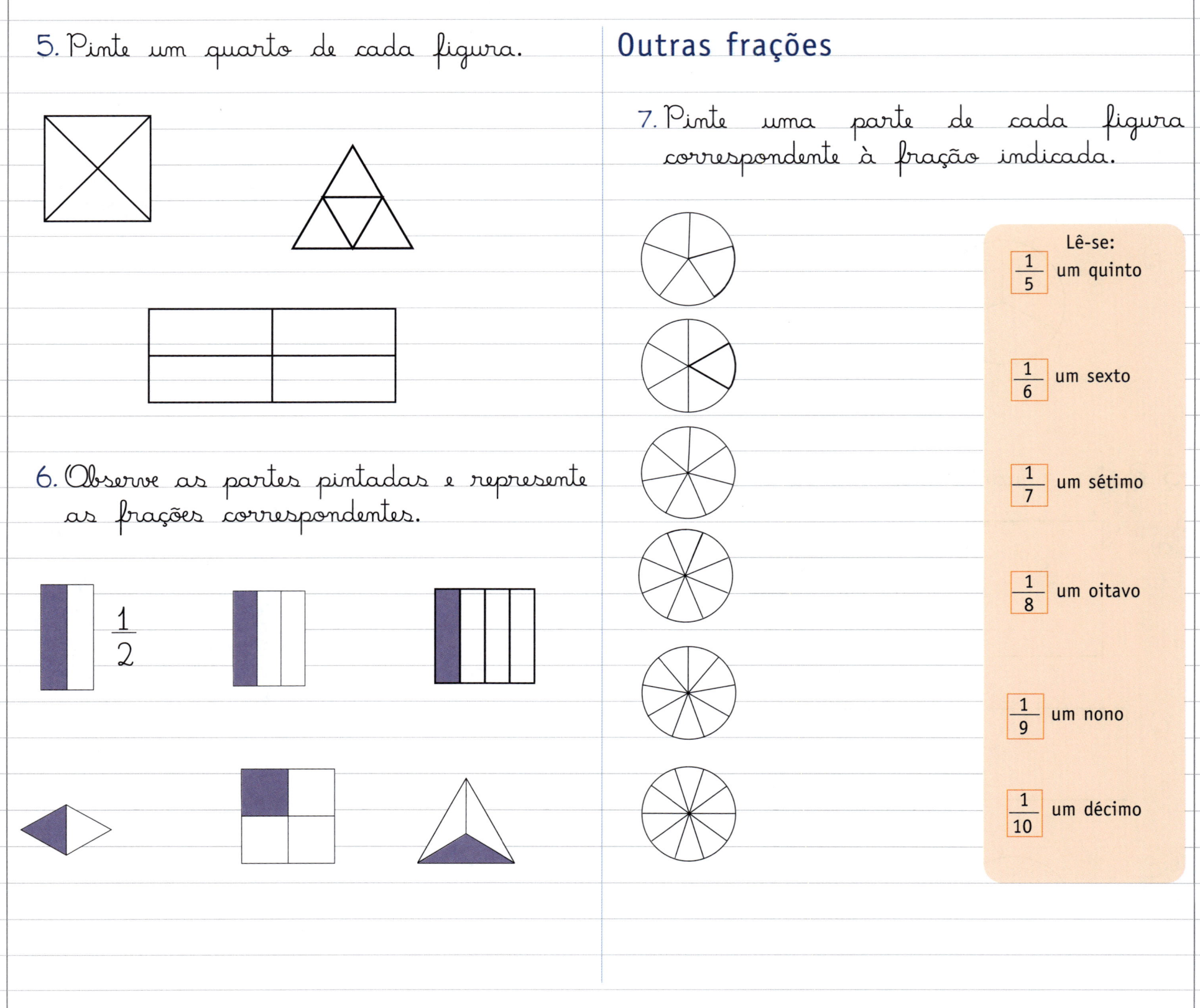

6. Observe as partes pintadas e represente as frações correspondentes.

$\frac{1}{2}$

Outras frações

7. Pinte uma parte de cada figura correspondente à fração indicada.

Lê-se:

$\frac{1}{5}$ um quinto

$\frac{1}{6}$ um sexto

$\frac{1}{7}$ um sétimo

$\frac{1}{8}$ um oitavo

$\frac{1}{9}$ um nono

$\frac{1}{10}$ um décimo

8. Escreva a fração correspondente à parte colorida.

$\dfrac{}{}$

$\dfrac{}{}$

$\dfrac{}{}$

$\dfrac{}{}$

$\dfrac{}{}$

$\dfrac{}{}$

$\dfrac{}{}$

9. Circule a terça parte destas figuras e complete.

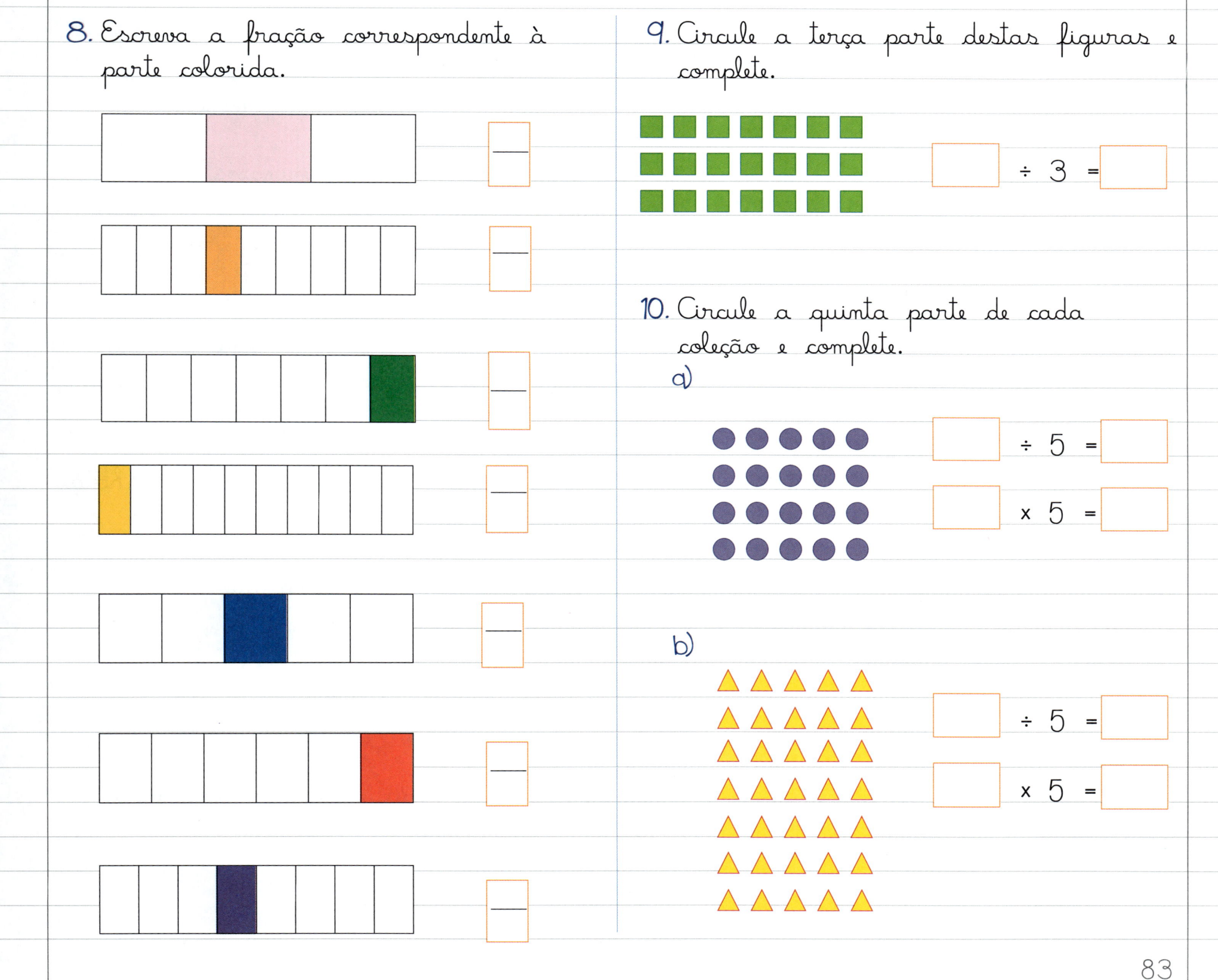

$\square \div 3 = \square$

10. Circule a quinta parte de cada coleção e complete.

a)

$\square \div 5 = \square$

$\square \times 5 = \square$

b)

$\square \div 5 = \square$

$\square \times 5 = \square$

Bloco 13: Grandezas e medidas

CONTEÚDO

MEDIDAS DE TEMPO
- Horas, minutos e segundos
- Intervalo de tempo entre duas datas
- Problemas

MEDIDAS DE TEMPO

Horas, minutos e segundos

- Um dia tem 24 horas.
- Uma hora tem 60 minutos.
- Um quarto de hora tem 15 minutos.
- Um minuto tem 60 segundos.

Após meio dia (12h), contamos assim:

TARDE		NOITE	
1h	13h	7h	19h
2h	14h	8h	20h
3h	15h	9h	21h
4h	16h	10h	22h
5h	17h	11h	23h
6h	18h	12h	24h ou 0h

1. Complete.

a) Meia hora tem ☐ minutos.

b) 1 hora são ☐ minutos.

c) Um quarto de hora são ☐ minutos.

d) 1 minuto tem ☐ segundos.

e) 1 hora tem ☐ segundos.

f) 21 horas é o mesmo que ☐ horas da noite.

g) 15 horas é o mesmo que ☐ horas da tarde.

h) ☐ horas é o mesmo que 6 horas da tarde.

i) Minha aula de matemática dura ☐ minutos.

2. Que horas marcam estes relógios?

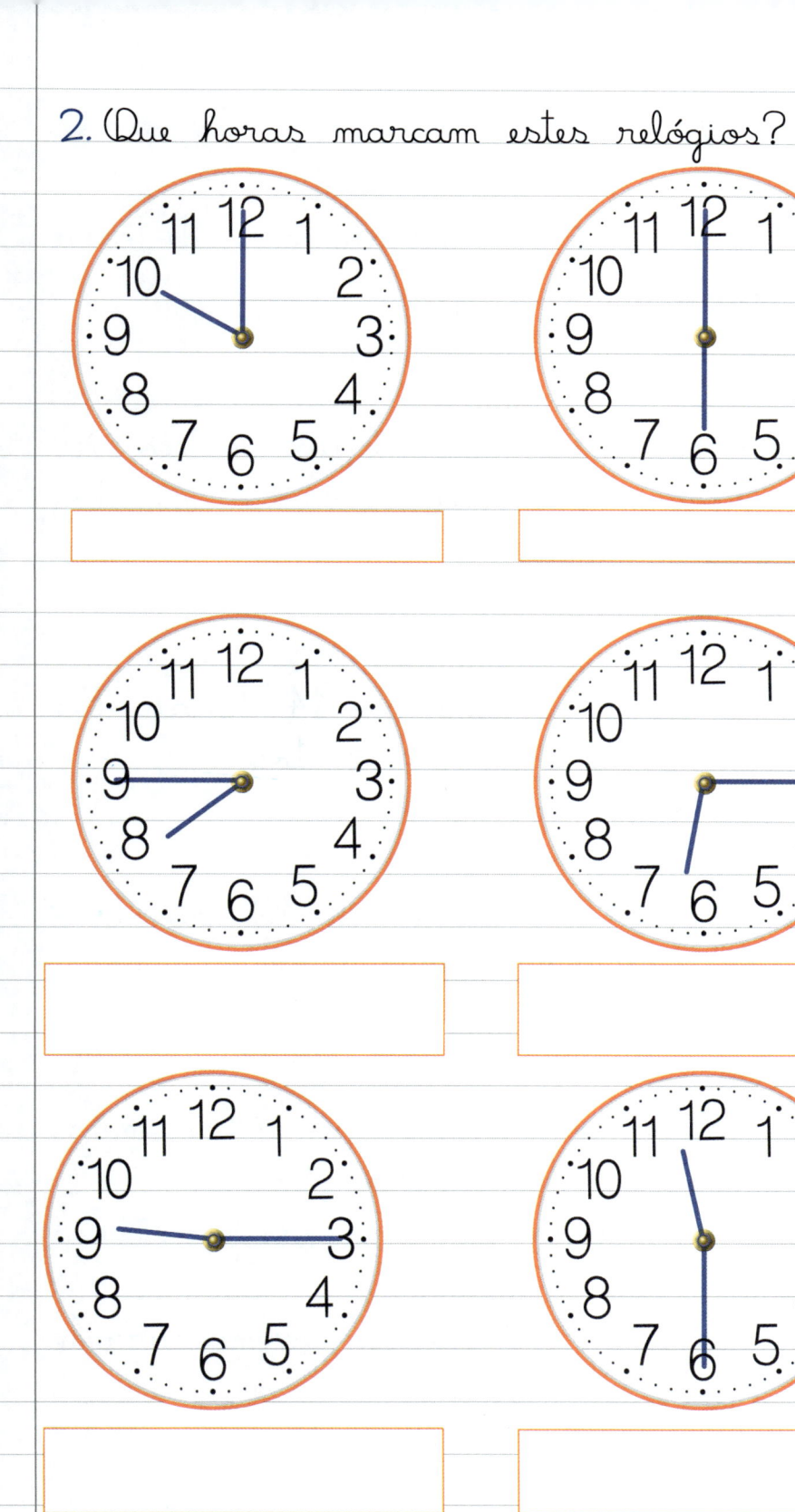

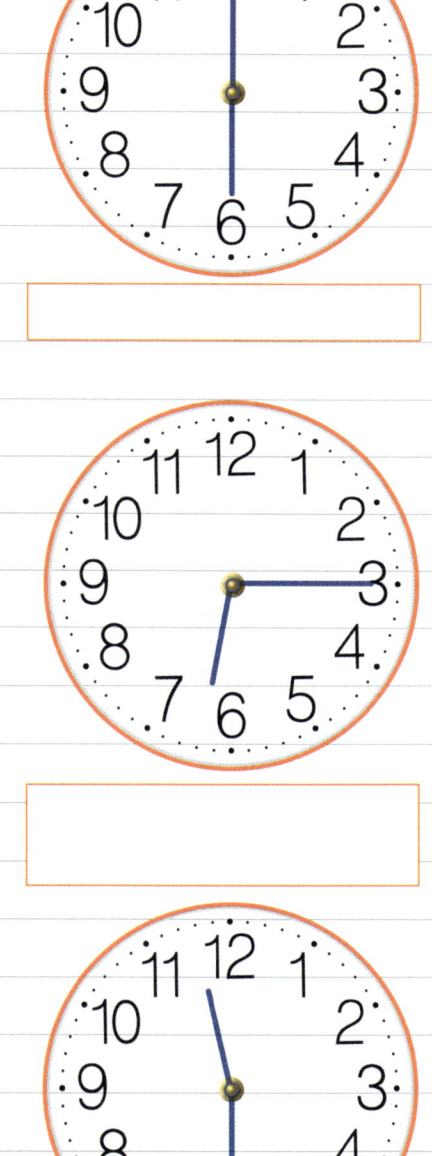

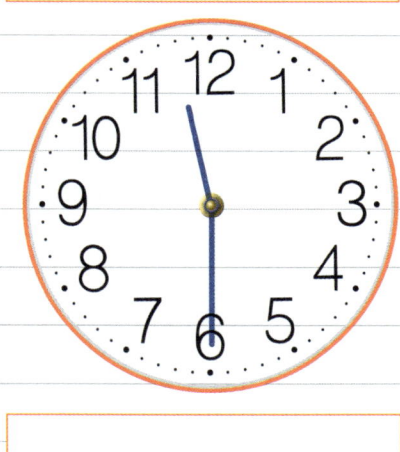

3. Desenhe os ponteiros que faltam e complete.

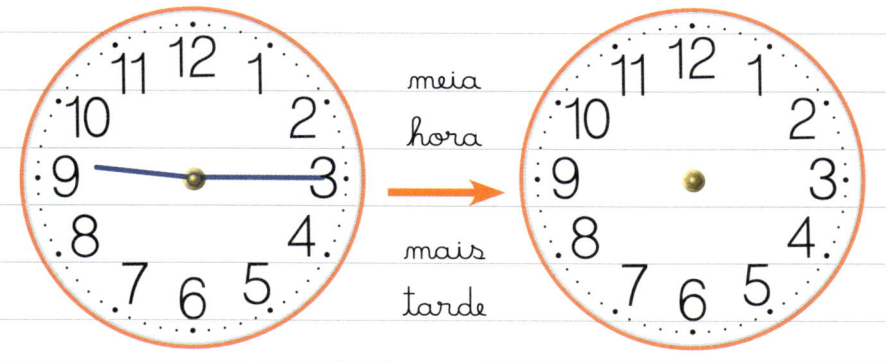

9 horas e 15 minutos → meia hora mais tarde

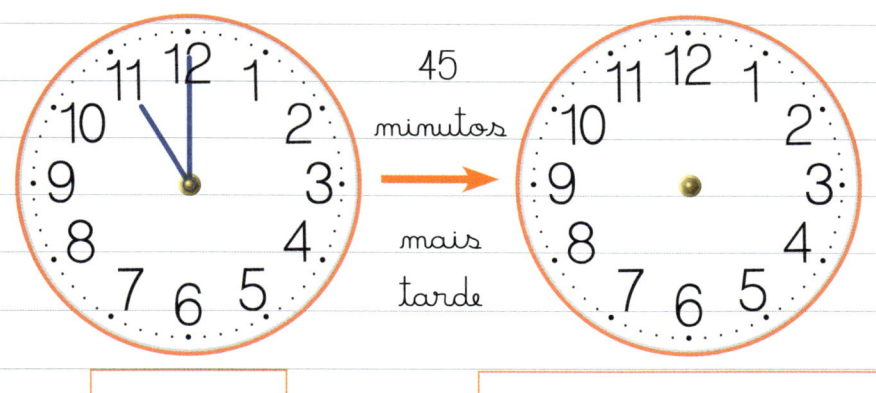

11 horas → 45 minutos mais tarde

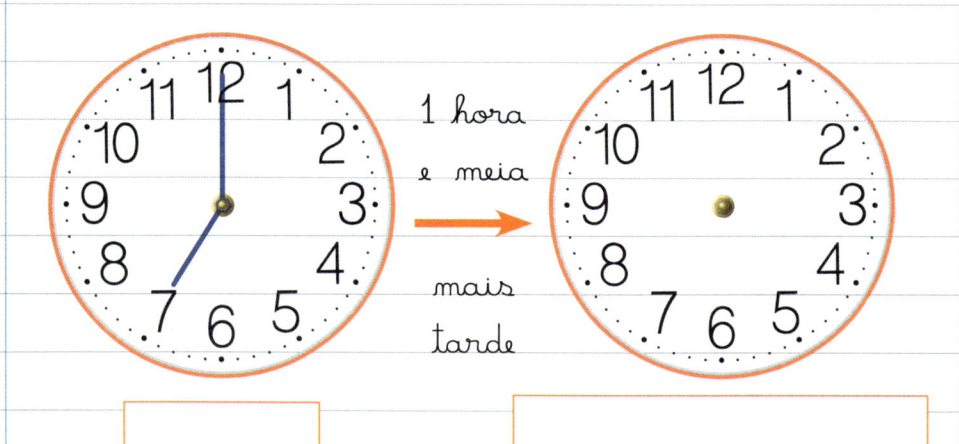

→ 1 hora e meia mais tarde

4. Desenhe os ponteiros que faltam e complete.

São 2 horas e 30 minutos. → 15 minutos depois → Serão ___ → 1 hora mais tarde → Serão ___

São 5 horas. → meia hora depois → Serão ___ → 1 hora e meia depois → Serão ___

São 8 horas e 15 minutos. → 15 minutos depois → Serão ___ → 1 hora e meia depois → Serão ___

5. Complete.

a) Acordei às 7 horas. Saí de casa 1 hora e meia depois.
Saí às _____.

b) Cheguei no consultório médico às 9 horas. Fui atendida 45 minutos depois.
Fui atendida às _____.

c) O filme começou às 14 horas. Ele durou 1 hora e 50 minutos.
O filme terminou às _____.

d) Cheguei em casa às 19 horas e jantei 1 hora e meia depois.
Jantei às _____.

e) Entrei no banho às 7 e meia. Demorei 20 minutos no banho.
Saí do banho às _____.

f) Dormi às 23 horas. Dormi durante 8 horas.
Acordei às _____.

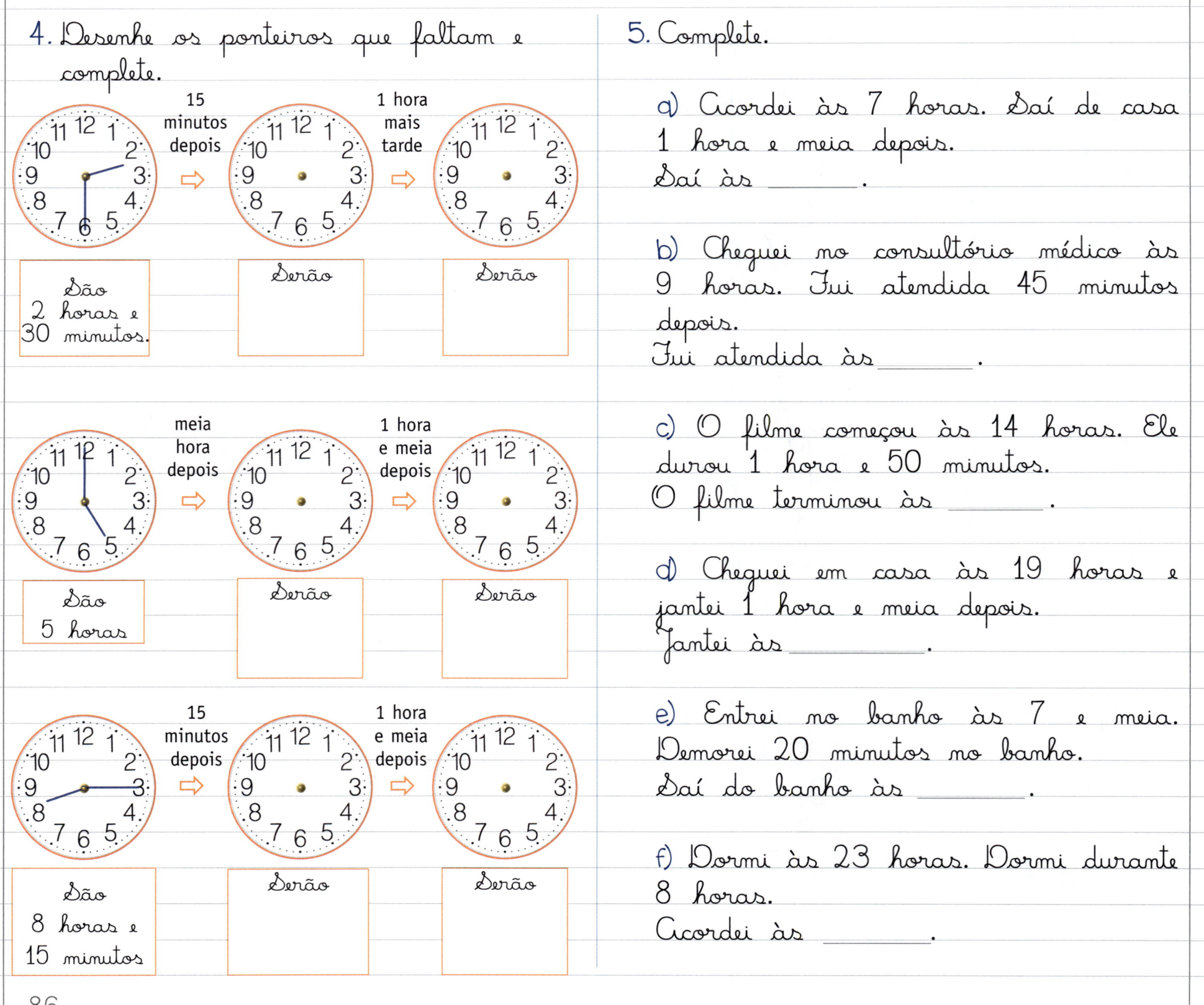

Intervalo de tempo entre duas datas

6. Hoje é dia 20 de outubro. Quantos dias faltam para o Natal?

20/out   31/out   30/nov   25/dez

11 dias   30 dias   _____

11 + 30 + _____ = _____ dias

Resposta:

7. O aniversário de Adriana é no dia 6 de novembro. Hoje é dia 20 de setembro. Quantos dias faltam para o aniversário da Adriana?

20/set   30/set   31/out   6/nov

10 dias   _____   _____

10 + _____ + _____ = _____ dias

Resposta:

8. Mariana nasceu no dia 10 de julho de 2010. Em que dia e ano ela vai completar 18 anos?

Resposta:

9. No dia 26 de julho, Edu disse: Daqui a 54 dias será meu aniversário. Que dia será o aniversário de Edu?

20/out   31/out   30/nov   25/dez

5 dias   _____   _____

5 + _____ + _____ = 54

Resposta:

Problemas

10. As aulas de Adriana começam às 7 horas e terminam às 11 horas. Quantas horas Adriana fica na escola?

    Resposta:

11. Mamãe saiu de casa às 9 horas e voltou às 11 horas e 30 minutos. Quanto tempo ela ficou fora de casa?

    Resposta:

12. Papai chegou ao consultório médico às 3 horas e 45 minutos. Chegou com 45 minutos de atraso. A que horas papai deveria chegar ao consultório médico?

    Resposta:

13. Fábio fez uma viagem que durou 4 horas. O ônibus partiu às 2 horas. A que horas ele chegou?

    Cálculo   Resposta

14. Entrei no cinema às 5 horas. Faz 1 hora e 45 minutos que estou assistindo ao filme. Que horas são?

    Resposta:

15. Calcule mentalmente.
    Você precisa dormir 8 horas por noite. Para acordar às 7 horas todas as manhãs, a que horas você deve deitar?

    Resposta:

Bloco 14: Grandezas e medidas

CONTEÚDO

MEDIDAS DE COMPRIMENTO
- O metro, o centímetro e o milímetro

MEDIDAS DE CAPACIDADE
- O litro e o mililitro

MEDIDAS DE MASSA
- O quilograma e o grama
- Problemas

MEDIDAS DE COMPRIMENTO

O metro, o centímetro e o milímetro

100 centímetros é o mesmo que 1 metro.

100 cm = 1 m

cm é a forma abreviada de centímetro.

m é a forma abreviada de metro.

Em 1 centímetro cabem 10 milímetros.

Meio metro é o mesmo que 50 centímetros.

1 cm = 10 mm

mm é a forma abreviada de milímetro.

1. Complete.

Um metro tem ▢ centímetros.

Meio metro tem ▢ centímetros.

Um centímetro tem ▢ milímetros.

2. Complete.

20 cm, para completar 1 m faltam ▢.

80 cm, para completar 1 m faltam ▢.

38 cm, para completar 1 m faltam ▢.

60 cm, para completar 1 m faltam ▢.

42 cm, para completar 1 m faltam ▢.

50 cm, para completar 1 m faltam ▢.

3. Há diferentes tipos de instrumentos de medidas de comprimento. Identifique-os, escrevendo algumas de suas utilidades.

Fita métrica

_____
_____

Metro de madeira

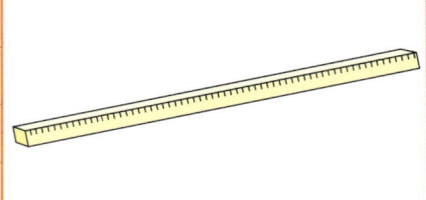

_____
_____

Trena

_____
_____

Metro articulado

_____
_____

4. Escreva o nome de três coisas que compramos por metro.

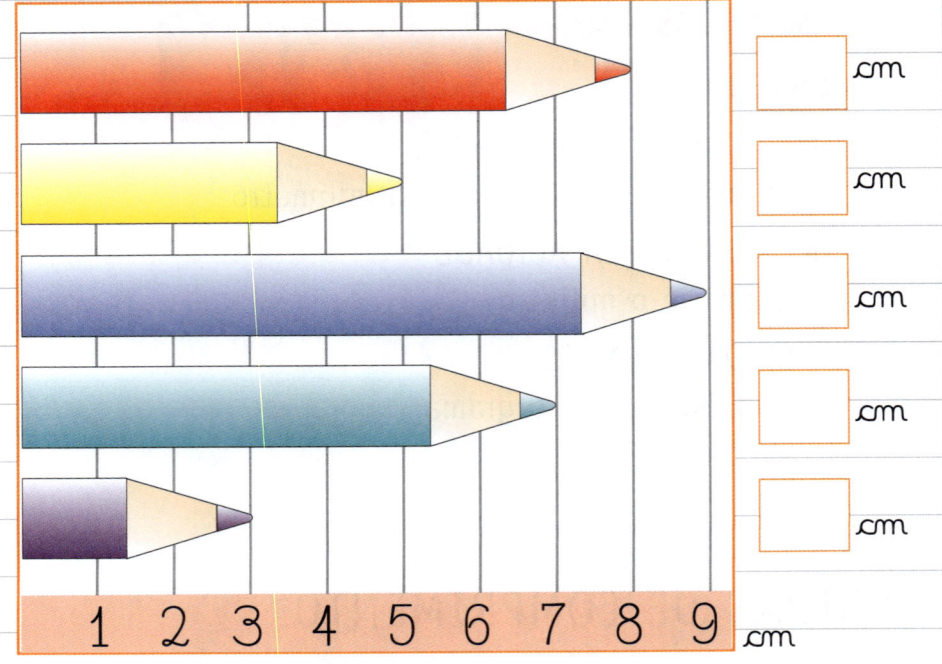

5. Quanto mede cada um destes lápis?

☐ cm
☐ cm
☐ cm
☐ cm
☐ cm

6. Observe a figura.

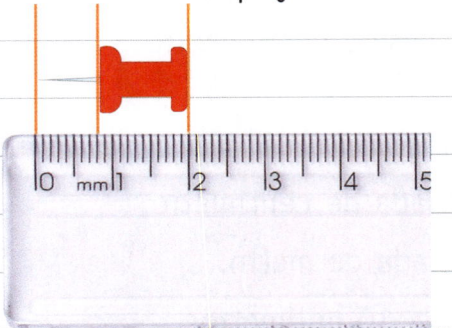

a) Quantos milímetros mede a parte metálica desse pino? _____
b) Quantos milímetros mede a parte vermelha desse pino? _____

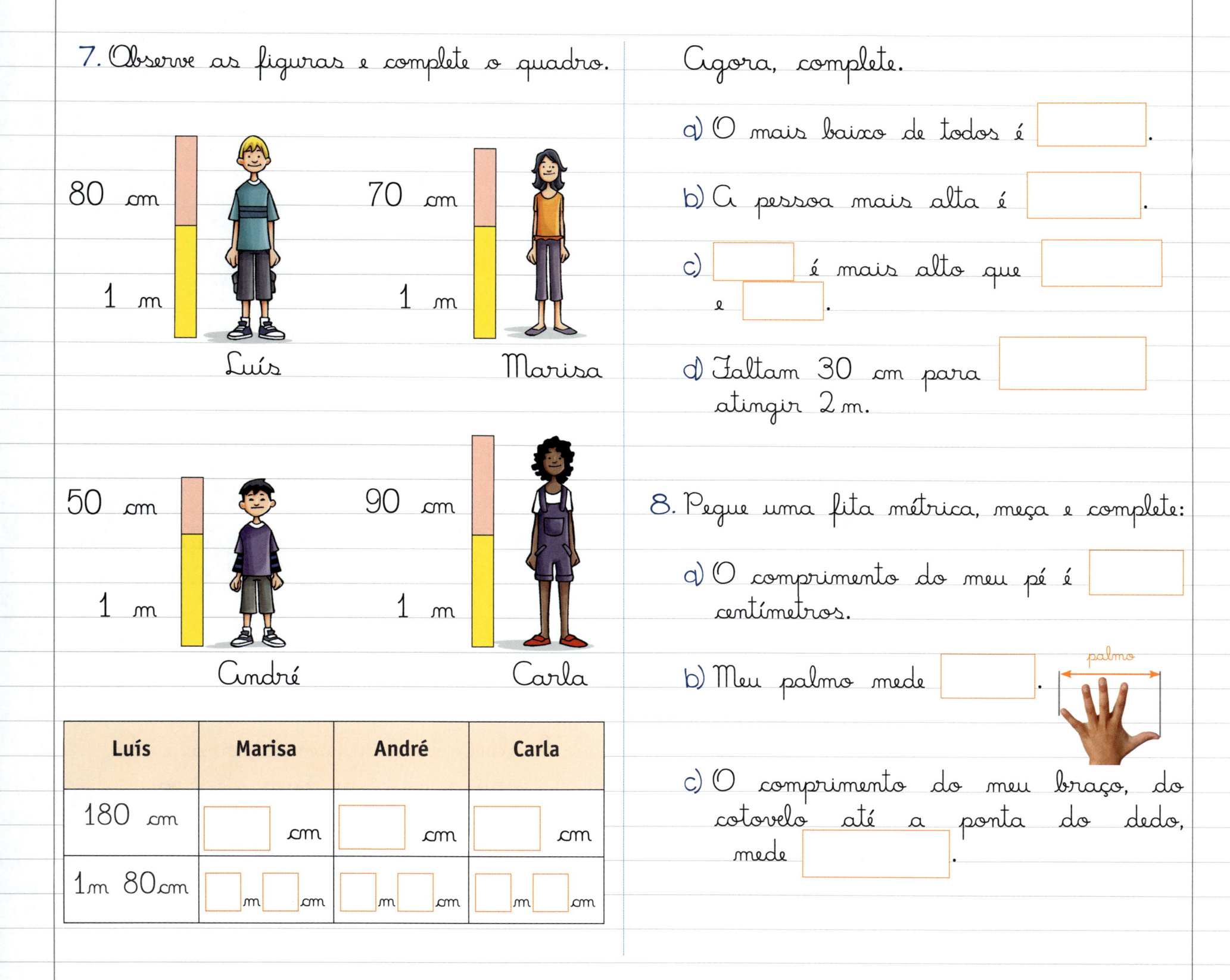

7. Observe as figuras e complete o quadro.

80 cm — 1 m — Luís

70 cm — 1 m — Marisa

50 cm — 1 m — André

90 cm — 1 m — Carla

Luís	Marisa	André	Carla
180 cm	____ cm	____ cm	____ cm
1m 80cm	____ m ____ cm	____ m ____ cm	____ m ____ cm

Agora, complete.

a) O mais baixo de todos é _____.

b) A pessoa mais alta é _____.

c) _____ é mais alto que _____ e _____.

d) Faltam 30 cm para _____ atingir 2 m.

8. Pegue uma fita métrica, meça e complete:

a) O comprimento do meu pé é _____ centímetros.

b) Meu palmo mede _____.

c) O comprimento do meu braço, do cotovelo até a ponta do dedo, mede _____.

MEDIDAS DE CAPACIDADE

O litro e o mililitro

A principal unidade de medida de capacidade usada no dia a dia é o litro.

1 litro corresponde a 1000 mililitros.

1 L = 1000 mL

L é a forma abreviada de litro.

mL é a forma abreviada de mililitro.

9. Complete.

- Uma das unidades de medida de capacidade dos líquidos é o _____.

- Em 1 litro cabem _____ mililitros.

- Meio litro é o mesmo que _____ mililitros.

- Em 2 litros cabem _____ mililitros.

10. Resolva.

a) 1 litro de leite enche 5 copos de _____ mililitros.

b) 1 litro de leite enche 4 copos de _____ mililitros.

c) 1 litro e meio de suco enchem _____ copos de 250 mililitros.

11. Marlene comprou uma garrafa de 1 litro e meio de suco de uva. Quantos mililitros de suco ela comprou?

MEDIDAS DE MASSA

O quilograma e o grama

A principal unidade de massa usada no dia a dia é o quilograma, conhecido popularmente como "quilo"

1 quilograma corresponde a **1000** gramas.

1 kg = 1000 g

kg é a forma abreviada de quilograma.

g é a forma abreviada de grama.

1 grama corresponde a 1000 gramas.

1 g = 1000 g

mg é a forma abreviada de miligrama.

12. Complete.

- O instrumento utilizado para medir massa chama-se _____ .

- Meio quilo vale _____ gramas.

- 2 pacotes de 250 gramas valem _____ quilo.

13. Comprei um saco de ração de 15 kg para cães grandes.

a) Se um cão come 300 gramas de ração por dia, quantos dias vai durar um saco de ração de 15 kg?

b) Esse tempo é maior ou menor que 1 mês?

14. Escreva o nome de três produtos que compramos usando o quilograma como medida de massa.

15. Escreva o nome de 3 produtos que compramos por grama.

16. Um comprimido (remédio) tem peso aproximado de 250 miligramas. Quanto pesa 100 comprimidos iguais a esses?

17. Que unidade de medida de massa é mais adequada? Complete os quadrinhos com:
g (grama), kg (quilograma) ou mg (miligrama).

uma folha de papel → ☐

uma borracha escolar → ☐

uma televisão → ☐

uma maçã → ☐

uma bicicleta → ☐

um comprimido → ☐

18. Observe as figuras.

a) Quanto pesa João? _____

b) Quanto pesam João com os livros? _____

c) Agora, calcule o peso dos livros. _____

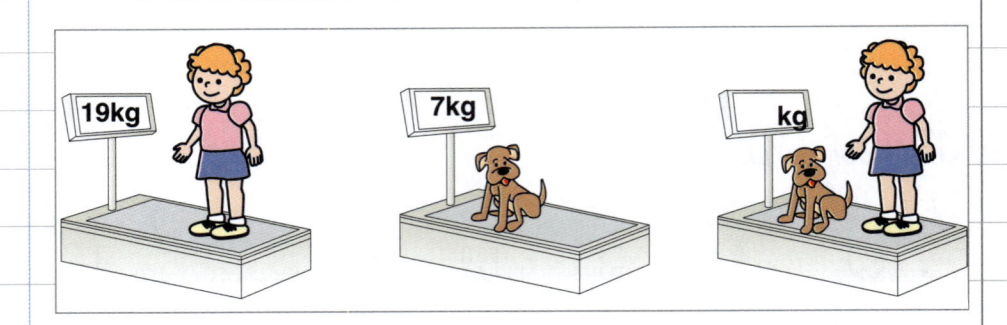

d) Quanto pesa Mariana? _____

e) Quanto pesa o cãozinho? _____

f) Quanto pesam Mariana e o cãozinho juntos? _____

Problemas

19. Papai pesa 76 kg. Mamãe pesa 62 kg. Quantos quilogramas papai pesa a mais que mamãe?

    Cálculo   Resposta

20. Tia Leni ganhou 18 kg de feijão. Quer distribuí-los em 3 sacos iguais. Quantos quilogramas de feijão colocará em cada saco?

    Cálculo   Resposta

21. Marcelo queria pesar seu gato. Subiu na balança com o gato no colo e registrou o seguinte: 34 quilos. Marcelo pensou:
"Se peso 32 quilos, meu gato deverá pesar..."

    Cálculo   Resposta

22. Fernanda subiu na balança e viu: 23 kg. Fernanda subiu na balança com o cachorro e viu: 28 kg.
O gato e o cachorro de Fernanda pesam juntos 6 kg.
Responda:

a) Quanto pesa Fernanda? _____

b) Quanto pesa o cachorro? _____

c) Quanto pesa o gato? _____

Bloco 15: Probabilidade e estatística

CONTEÚDO:
- Análise de chances
- Tabelas e gráficos

Análise de chances

1. Este desenho é de uma roleta onde estão representados o cachorro, o gato e o peixe.

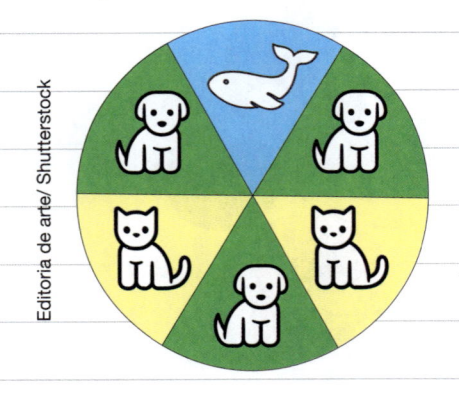

O ponteiro dessa roleta foi girado.

a) Quais são os resultados possíveis?

b) Ao girar a roleta, você acha que há mais chance de sair o peixe ou o cachorro? Por quê?

c) Qual animal tem maior chance de sair ao girar a roleta? E qual tem menor chance de sair?

2. Você vai jogar com um colega. Para decidir quem começa o jogo, vocês tiram "par ou ímpar" usando um dado. Essa é uma maneira justa de decidir? Explique.

3. Pinte as fichas abaixo usando 3 cores: vermelho, verde e azul.
Essas fichas devem ser colocadas depois numa caixa para serem sorteadas. Você deve pintá-las de forma que qualquer das 3 cores (vermelho, verde e azul) tenha igual probabilidade de ser retirada.

4. Desta vez você deve pintar as fichas da seguinte maneira:
- Ficha verde: maior probabilidade de ser retirada.
- Ficha azul: probabilidade menor do que a verde de ser retirada.
- Ficha vermelha: impossível de ser retirada.

Tabelas e gráficos

5. Esta tabela se refere ao peso de alguns animais. Observe a tabela e responda.

Animais	Peso (em quilogramas)
Avestruz	100
Camelo	700
Chimpanzé	70
Coiote	34
Foca	80
Hipopótamo	3000
Vaca	800

a) Qual é o animal mais pesado?

Quanto ele pesa?

b) Qual o animal mais leve?

Quanto ele pesa?

c) Quanto pesam o hipopótamo e o chimpanzé juntos?

d) Se a vaca perder 15 quilos, com quantos quilos ela ficará?

6. Neste verão, 36 crianças de uma escola viajarão para um acampamento de férias. No acampamento, as crianças serão agrupadas de forma diferente conforme o tipo de atividade. Veja na tabela.

Atividade	Quantidade de grupos	Crianças por grupo
Corrida na lama	6	
Caça ao tesouro	3	
Jogo de mímica	2	
Circuito do guerreiro	9	

Usando as estratégias de cálculo que preferir, calcule quantas crianças haverá em cada grupo e complete a tabela acima. Use o espaço abaixo para explicar o seu raciocínio.

7. Uma escola tem 5 turmas de alunos. Este gráfico mostra o número de alunos de cada turma. Cada quadradinho colorido representa 4 alunos.

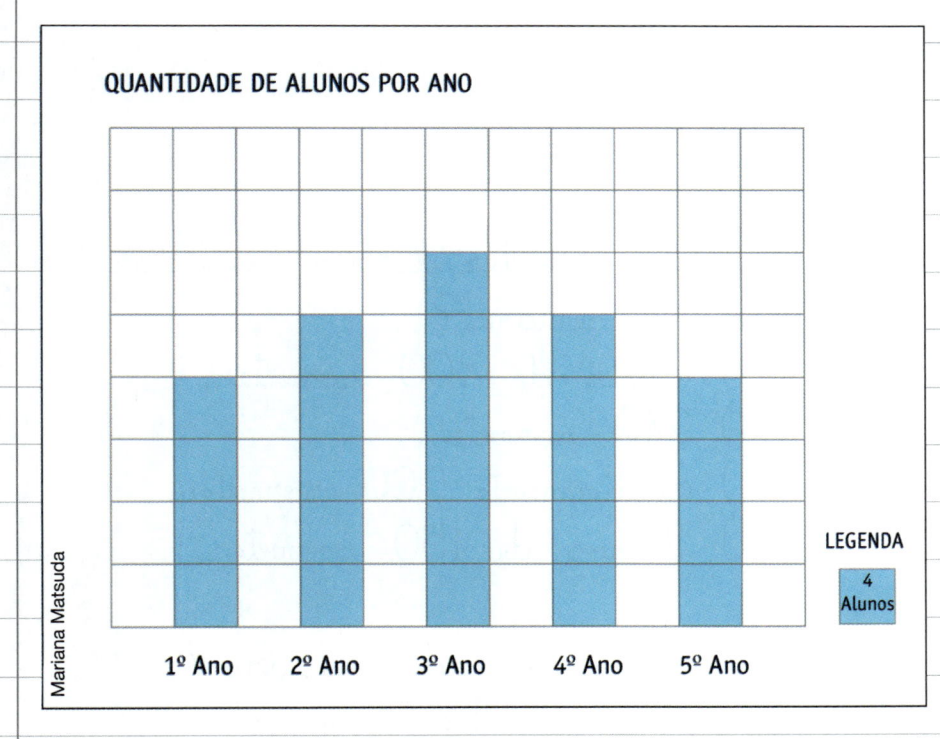

QUANTIDADE DE ALUNOS POR ANO

(gráfico de barras: 1º Ano = 3 quadradinhos, 2º Ano = 4 quadradinhos, 3º Ano = 5 quadradinhos, 4º Ano = 4 quadradinhos, 5º Ano = 3 quadradinhos)

LEGENDA: 4 Alunos

a) Qual é o título do gráfico?

b) Quantos alunos representa cada quadradinho colorido?

c) Calcule quantos alunos tem em cada turma. Complete a tabela.

Quantidade de alunos por turma

Turma	Quantidade de alunos
1º ano	
2º ano	
3º ano	
4º ano	
5º ano	

d) Calcule o total de alunos dessa escola.

e) Qual é a turma que tem mais alunos?

99

8. O gráfico mostra o número de sorvetes (creme e chocolate) vendidos por uma doceria em uma semana.

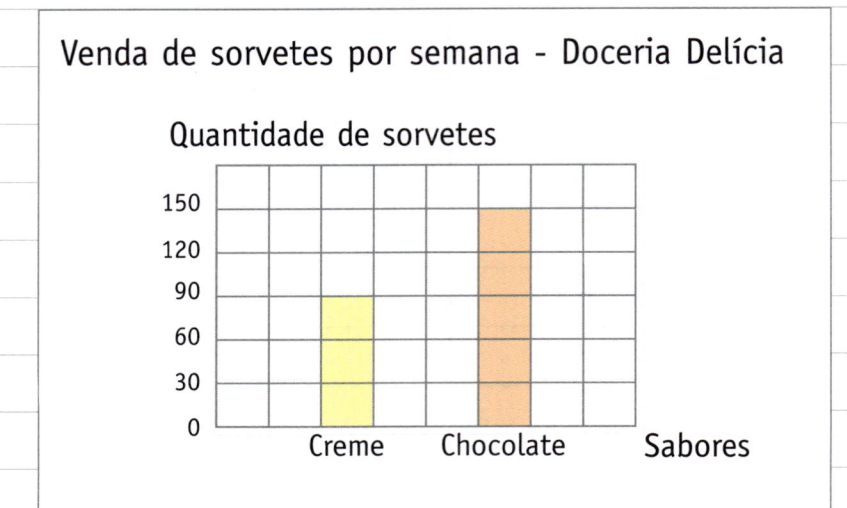

Venda de sorvetes por semana - Doceria Delícia

Quantidade de sorvetes

(gráfico de barras: Creme = 60; Chocolate = 150)

Sabores

a) Qual é o título do gráfico?

b) Qual foi o sabor mais vendido na semana?
( ) Creme
( ) Chocolate

c) Quantos sorvetes foram vendidos ao todo na semana?
( ) Mais de 300 sorvetes.
( ) 240 sorvetes.
( ) Exatamente 200 sorvetes.
( ) Menos de 150 sorvetes.

d) Nesse gráfico, cada quadrinho representa quantos sorvetes?
( ) 10 sorvetes.
( ) 20 sorvetes.
( ) 30 sorvetes.
( ) 50 sorvetes.

e) Quantos sorvetes de chocolate foram vendidos a mais que de creme?

TABUADA DA MULTIPLICAÇÃO

0 × 1 = 0	0 × 2 = 0	0 × 3 = 0	0 × 4 = 0	0 × 5 = 0
1 × 1 = 1	1 × 2 = 2	1 × 3 = 3	1 × 4 = 4	1 × 5 = 5
2 × 1 = 2	2 × 2 = 4	2 × 3 = 6	2 × 4 = 8	2 × 5 = 10
3 × 1 = 3	3 × 2 = 6	3 × 3 = 9	3 × 4 = 12	3 × 5 = 15
4 × 1 = 4	4 × 2 = 8	4 × 3 = 12	4 × 4 = 16	4 × 5 = 20
5 × 1 = 5	5 × 2 = 10	5 × 3 = 15	5 × 4 = 20	5 × 5 = 25
6 × 1 = 6	6 × 2 = 12	6 × 3 = 18	6 × 4 = 24	6 × 5 = 30
7 × 1 = 7	7 × 2 = 14	7 × 3 = 21	7 × 4 = 28	7 × 5 = 35
8 × 1 = 8	8 × 2 = 16	8 × 3 = 24	8 × 4 = 32	8 × 5 = 40
9 × 1 = 9	9 × 2 = 18	9 × 3 = 27	9 × 4 = 36	9 × 5 = 45
10 × 1 = 10	10 × 2 = 20	10 × 3 = 30	10 × 4 = 40	10 × 5 = 50
0 × 6 = 0	0 × 7 = 0	0 × 8 = 0	0 × 9 = 0	0 × 10 = 0
1 × 6 = 6	1 × 7 = 7	1 × 8 = 8	1 × 9 = 9	1 × 10 = 10
2 × 6 = 12	2 × 7 = 14	2 × 8 = 16	2 × 9 = 18	2 × 10 = 20
3 × 6 = 18	3 × 7 = 21	3 × 8 = 24	3 × 9 = 27	3 × 10 = 30
4 × 6 = 24	4 × 7 = 28	4 × 8 = 32	4 × 9 = 36	4 × 10 = 40
5 × 6 = 30	5 × 7 = 35	5 × 8 = 40	5 × 9 = 45	5 × 10 = 50
6 × 6 = 36	6 × 7 = 42	6 × 8 = 48	6 × 9 = 54	6 × 10 = 60
7 × 6 = 42	7 × 7 = 49	7 × 8 = 56	7 × 9 = 63	7 × 10 = 70
8 × 6 = 48	8 × 7 = 56	8 × 8 = 64	8 × 9 = 72	8 × 10 = 80
9 × 6 = 54	9 × 7 = 63	9 × 8 = 72	9 × 9 = 81	9 × 10 = 90
10 × 6 = 60	10 × 7 = 70	10 × 8 = 80	10 × 9 = 90	10 × 10 = 100

TABUADA DA DIVISÃO

1 ÷ 1 = 1	2 ÷ 2 = 1	3 ÷ 3 = 1	4 ÷ 4 = 1	5 ÷ 5 = 1
2 ÷ 1 = 2	4 ÷ 2 = 2	6 ÷ 3 = 2	8 ÷ 4 = 2	10 ÷ 5 = 2
3 ÷ 1 = 3	6 ÷ 2 = 3	9 ÷ 3 = 3	12 ÷ 4 = 3	15 ÷ 5 = 3
4 ÷ 1 = 4	8 ÷ 2 = 4	12 ÷ 3 = 4	16 ÷ 4 = 4	20 ÷ 5 = 4
5 ÷ 1 = 5	10 ÷ 2 = 5	15 ÷ 3 = 5	20 ÷ 4 = 5	25 ÷ 5 = 5
6 ÷ 1 = 6	12 ÷ 2 = 6	18 ÷ 3 = 6	24 ÷ 4 = 6	30 ÷ 5 = 6
7 ÷ 1 = 7	14 ÷ 2 = 7	21 ÷ 3 = 7	28 ÷ 4 = 7	35 ÷ 5 = 7
8 ÷ 1 = 8	16 ÷ 2 = 8	24 ÷ 3 = 8	32 ÷ 4 = 8	40 ÷ 5 = 8
9 ÷ 1 = 9	18 ÷ 2 = 9	27 ÷ 3 = 9	36 ÷ 4 = 9	45 ÷ 5 = 9
10 ÷ 1 = 10	20 ÷ 2 = 10	30 ÷ 3 = 10	40 ÷ 4 = 10	50 ÷ 5 = 10
6 ÷ 6 = 1	7 ÷ 7 = 1	8 ÷ 8 = 1	9 ÷ 9 = 1	10 ÷ 10 = 1
12 ÷ 6 = 2	14 ÷ 7 = 2	16 ÷ 8 = 2	18 ÷ 9 = 2	20 ÷ 10 = 2
18 ÷ 6 = 3	21 ÷ 7 = 3	24 ÷ 8 = 3	27 ÷ 9 = 3	30 ÷ 10 = 3
24 ÷ 6 = 4	28 ÷ 7 = 4	32 ÷ 8 = 4	36 ÷ 9 = 4	40 ÷ 10 = 4
30 ÷ 6 = 5	35 ÷ 7 = 5	40 ÷ 8 = 5	45 ÷ 9 = 5	50 ÷ 10 = 5
36 ÷ 6 = 6	42 ÷ 7 = 6	48 ÷ 8 = 6	54 ÷ 9 = 6	60 ÷ 10 = 6
42 ÷ 6 = 7	49 ÷ 7 = 7	56 ÷ 8 = 7	63 ÷ 9 = 7	70 ÷ 10 = 7
48 ÷ 6 = 8	56 ÷ 7 = 8	64 ÷ 8 = 8	72 ÷ 9 = 8	80 ÷ 10 = 8
54 ÷ 6 = 9	63 ÷ 7 = 9	72 ÷ 8 = 9	81 ÷ 9 = 9	90 ÷ 10 = 9
60 ÷ 6 = 10	70 ÷ 7 = 10	80 ÷ 8 = 10	90 ÷ 9 = 10	100 ÷ 10 = 10

MOEDAS DO REAL

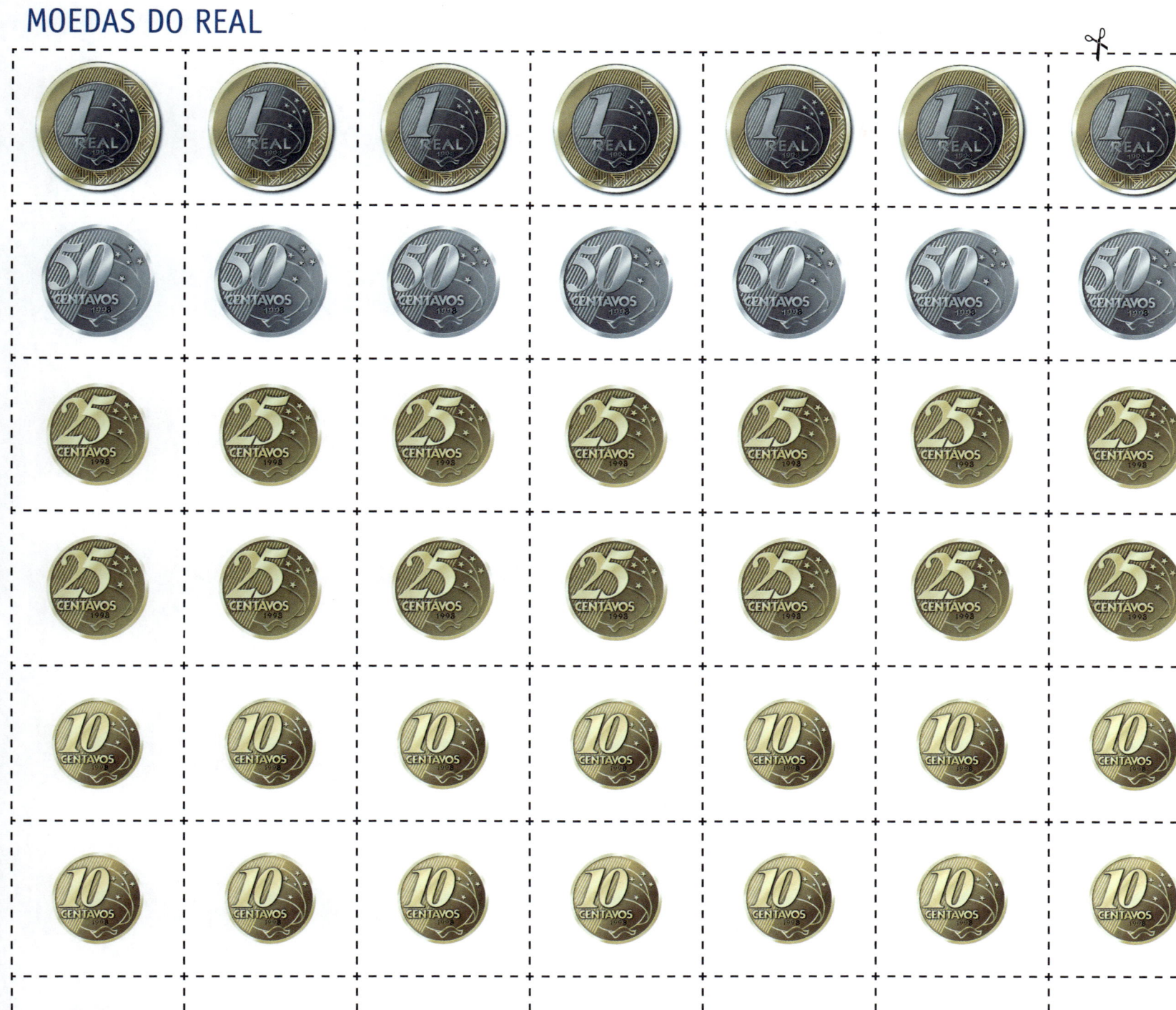

CÉDULAS DO REAL

MATERIAL DOURADO

1) Para construir este material, peça a ajuda de um adulto.
2) Antes de recortar as peças, cole o verso desta página em uma cartolina: o material ficará mais resistente e mais fácil de manusear.
3) Cuidado ao usar a tesoura para evitar acidentes! Utilize tesoura com pontas arredondadas.

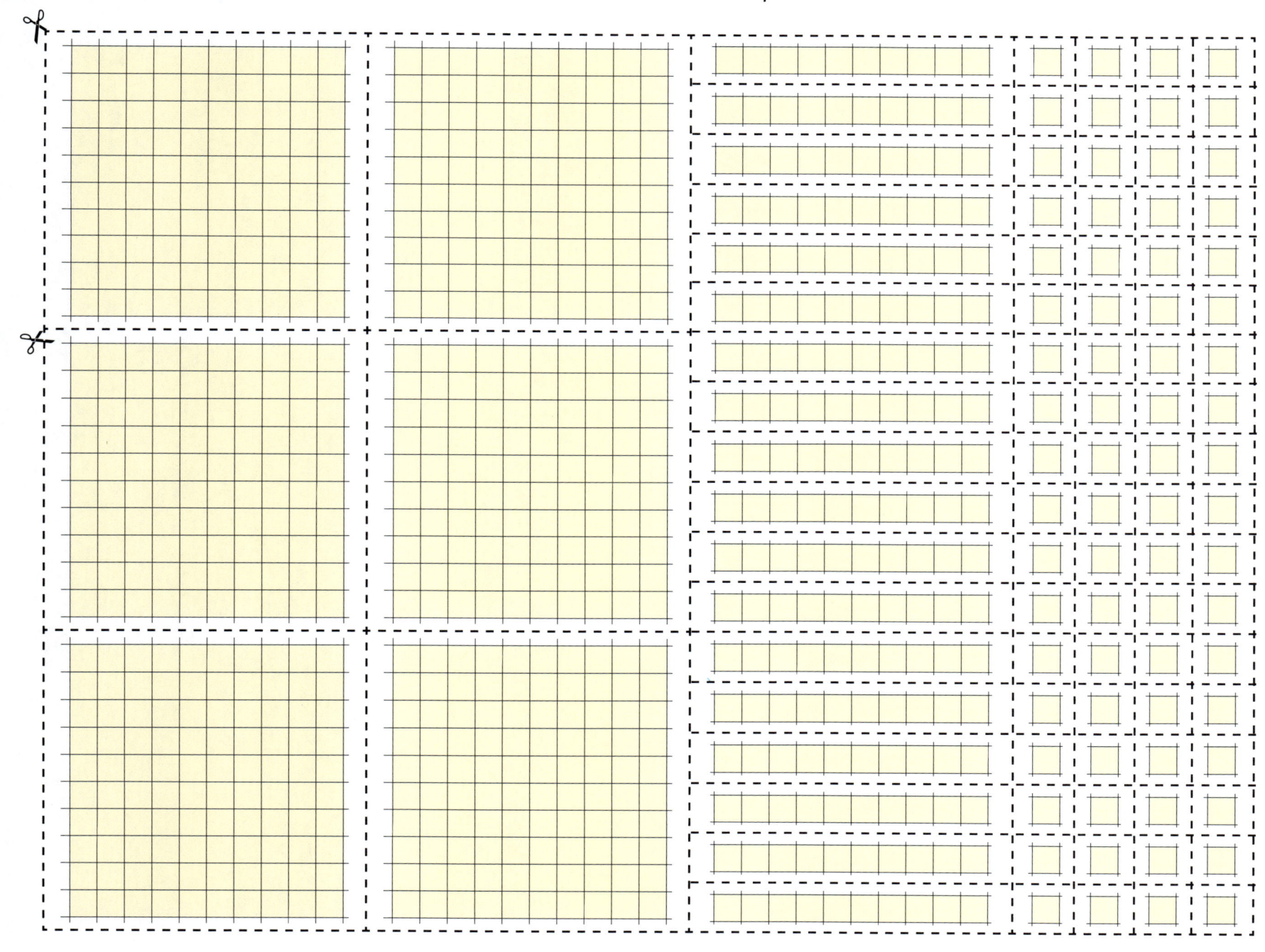

RELÓGIO DE PONTEIROS

eixo dos ponteiros

FICHAS (COMPOSIÇÃO E DECOMPOSIÇÃO)

1000	1000	1000	1000	1000	1000
1000	1000	1000	1000	1000	1000

100	100	100	100	100	100	100	100
100	100	100	100	100	100	100	100

10	10	10	10	10	10	10	10	10	10
10	10	10	10	10	10	10	10	10	10

1	1	1	1	1	1	1	1	1	1
1	1	1	1	1	1	1	1	1	1

PLANIFICAÇÃO DO PRISMA DE BASE TRIANGULAR

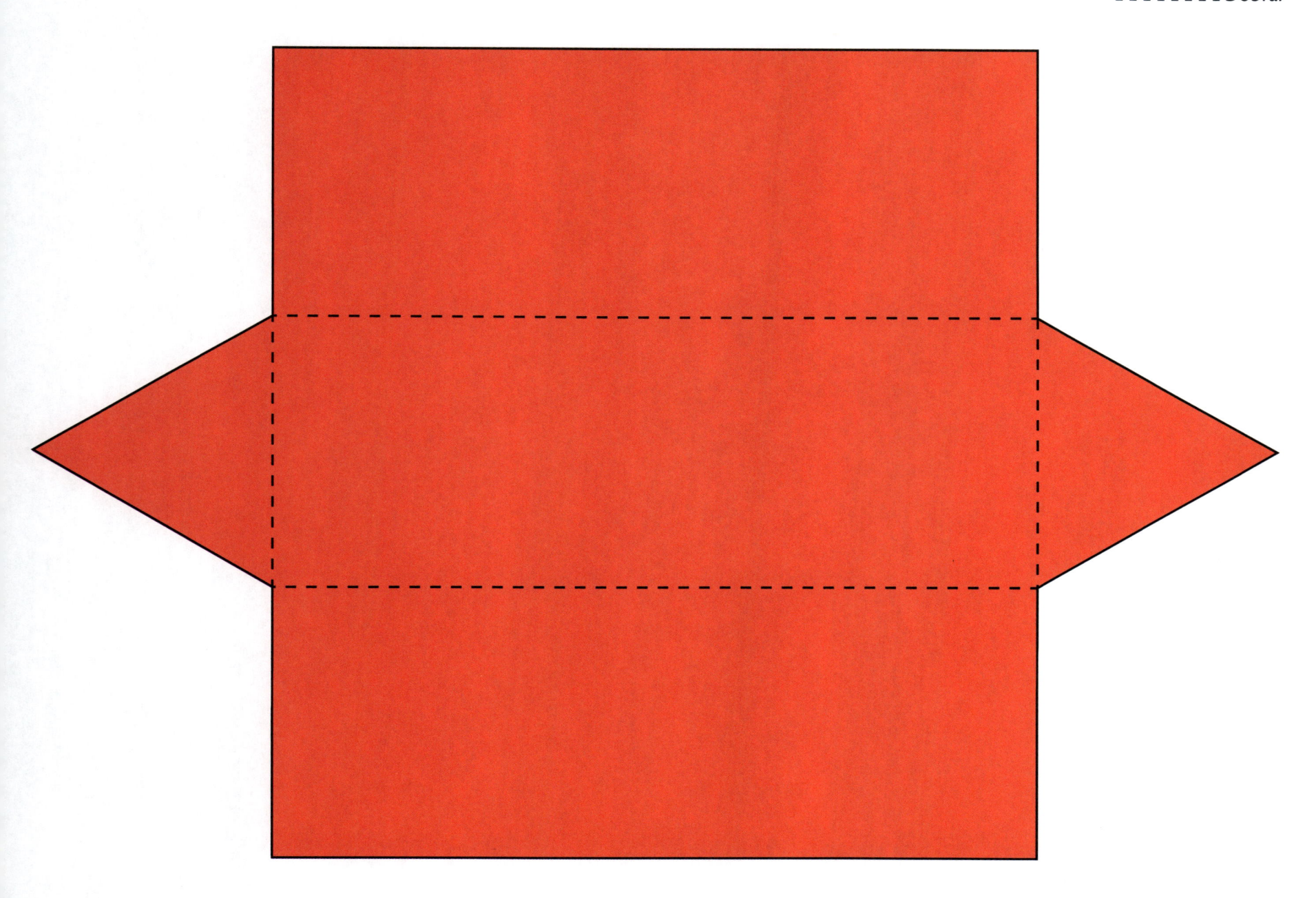

_____ Recortar
- - - - - - - Dobrar

PLANIFICAÇÃO DA PIRÂMIDE DE BASE QUADRADA

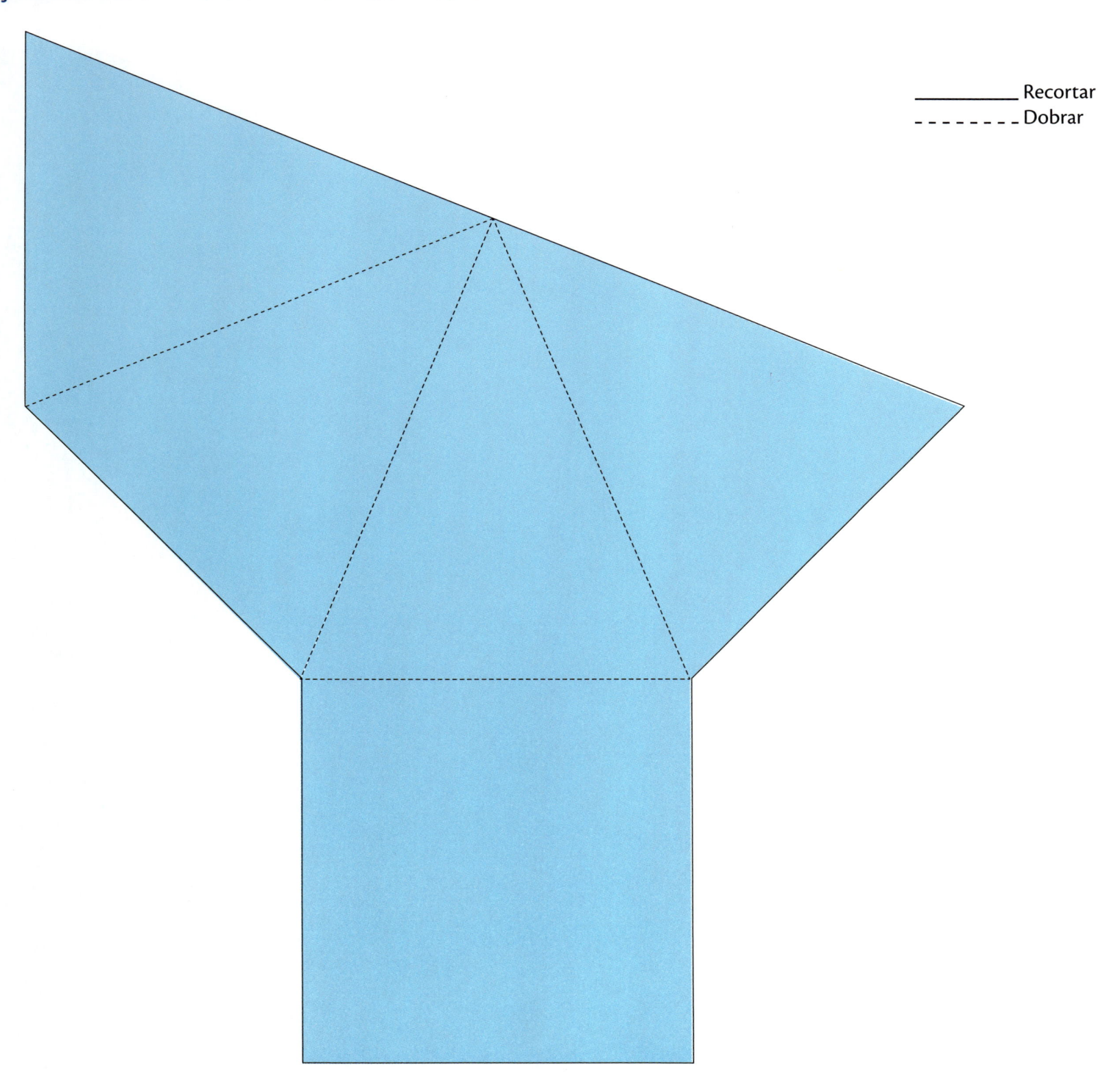

Recortar
- - - - - - - Dobrar

PRISMA DE BASE QUADRADA

———— Recortar
- - - - - - - Dobrar

PRISMA DE BASE PENTAGONAL

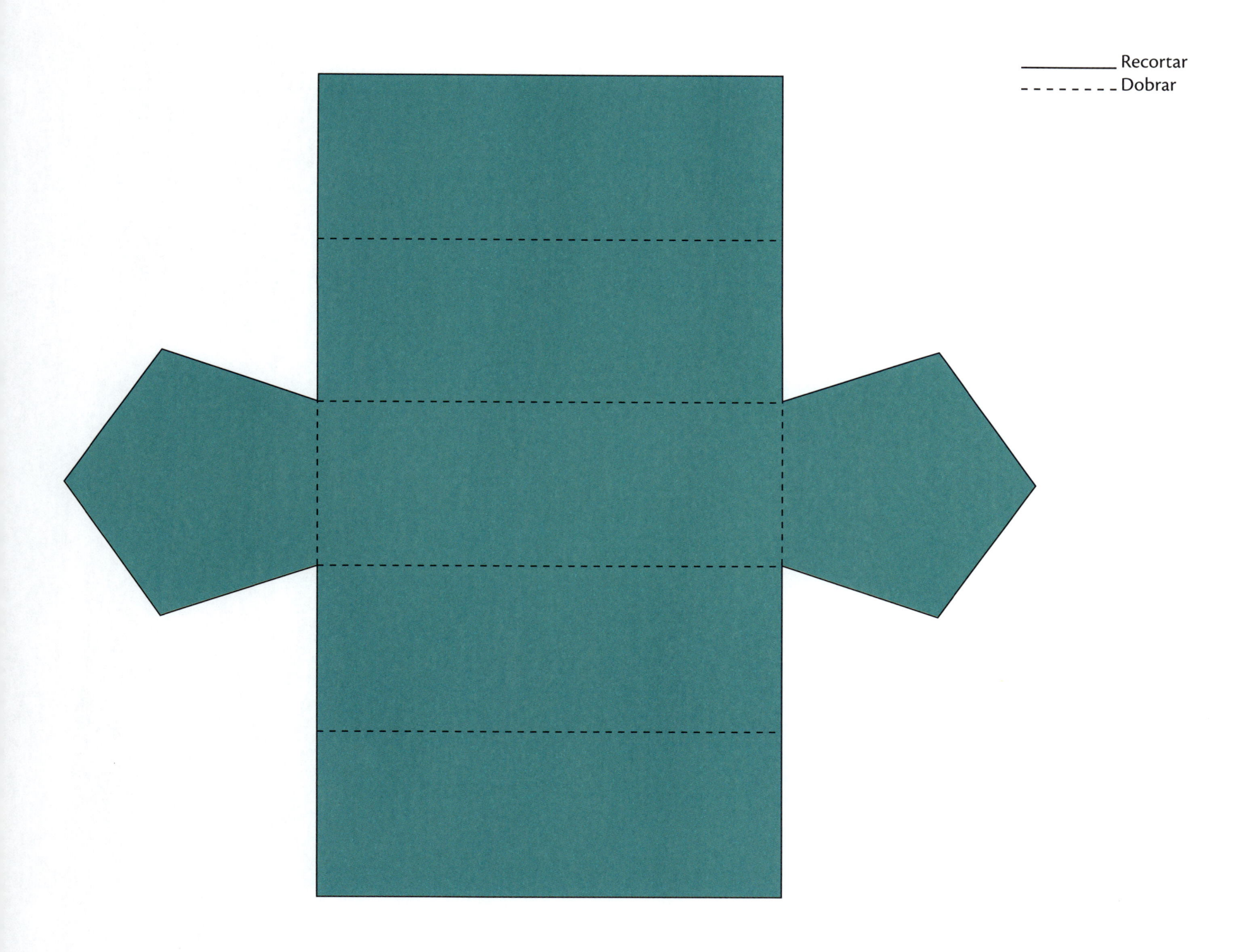

_____ Recortar
- - - - - - - - Dobrar

PRISMA DE BASE HEXAGONAL

_____ Recortar
- - - - - - - Dobrar

FRAÇÕES

Um inteiro (1); metade ($\frac{1}{2}$); um terço ($\frac{1}{3}$); um quarto ($\frac{1}{4}$).

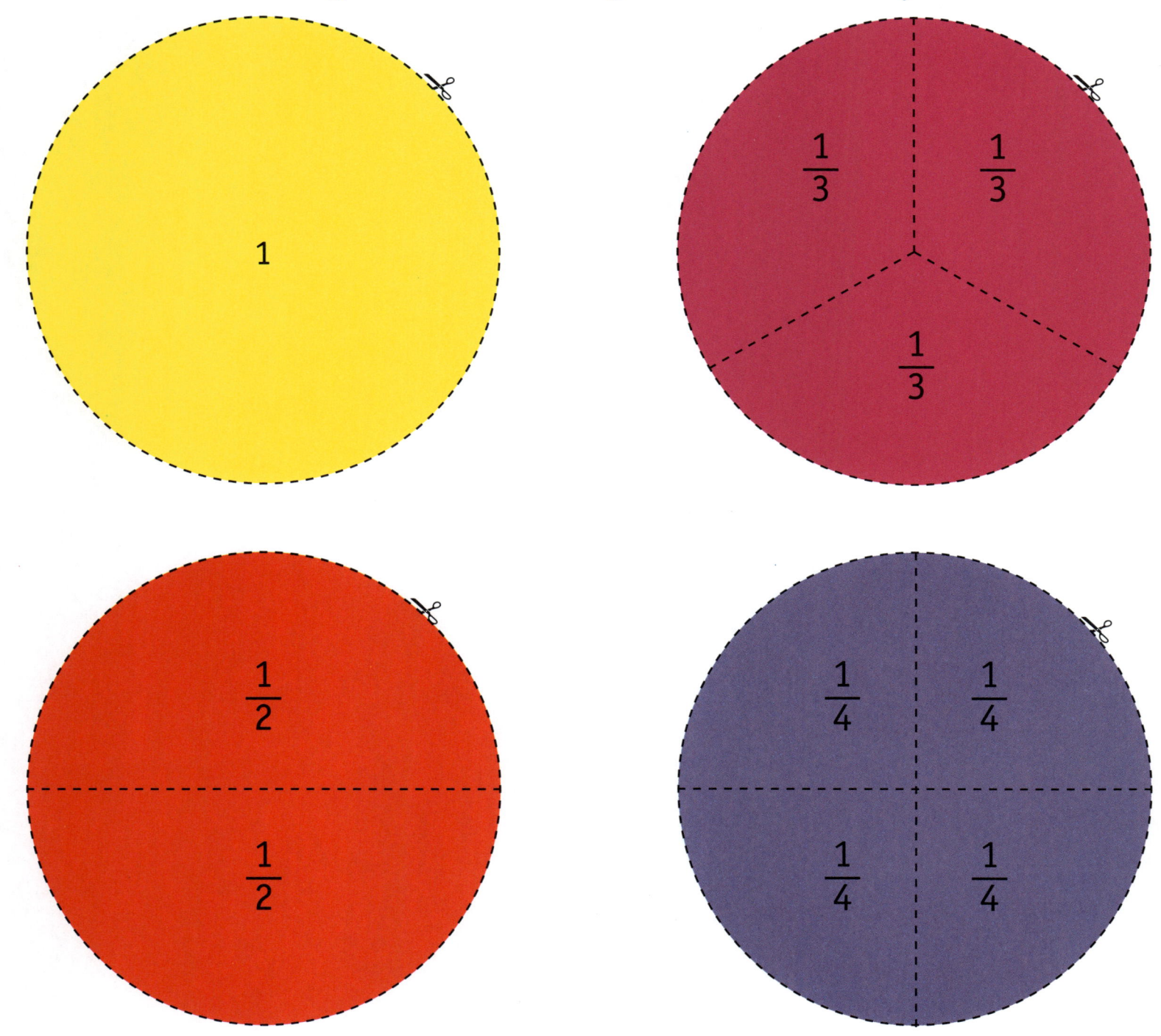

FRAÇÕES

Um quinto ($\frac{1}{5}$); um sexto ($\frac{1}{6}$).

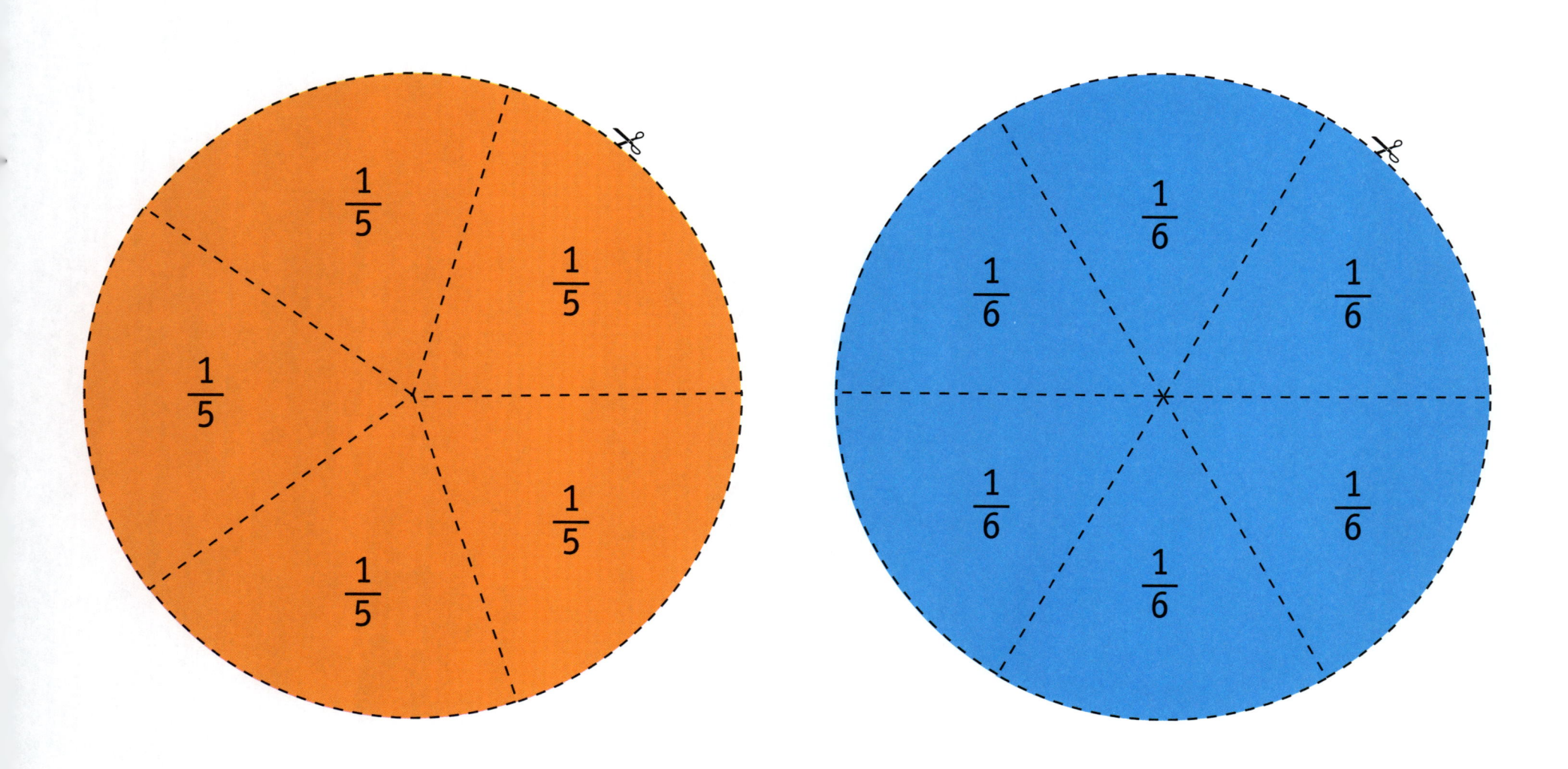